21世纪技能创新型人才培养系列教材　计算机系列

微课版

中文版

Photoshop
平面设计
案例教程

主审／陈振华

主编／代丽杰　陈永娜　林明新

副主编／孔梅　宋宝山　李焱　孙继荣　王胜修　焦常恺　王亚翠　周蛟

参编／张凤　李伟　赵芳　申忠华　张杏芝　艾雪韩宁　张花霖　杨福兴　张永乐　李麟　侯志峰　易林华

中国人民大学出版社
·北京·

图书在版编目（CIP）数据

中文版 Photoshop 平面设计案例教程/代丽杰，陈永娜，林明新主编．--北京：中国人民大学出版社，2021.8

21世纪技能创新型人才培养系列教材．计算机系列

ISBN 978-7-300-29474-2

Ⅰ.①中… Ⅱ.①代…②陈…③林… Ⅲ.①平面设计—图像处理软件—教材 Ⅳ.①TP391.413

中国版本图书馆 CIP 数据核字（2021）第 110262 号

21世纪技能创新型人才培养系列教材·计算机系列

中文版 Photoshop 平面设计案例教程

主　审　陈振华

主　编　代丽杰　陈永娜　林明新

副主编　孔　梅　宋宝山　李　焱　孙继荣　王胜修　焦常恺
　　　　王亚翠　周　蛟　艾雪　韩　宁　张花霖　杨福兴
　　　　张永乐　李　麟　侯志峰　易林华

参　编　张　凤　李　伟　赵　芳　申忠华　张杏芝

Zhongwenban Photoshop Pingmian Sheji Anli Jiaocheng

出版发行	中国人民大学出版社			
社　　址	北京中关村大街 31 号	**邮政编码**	100080	
电　　话	010 - 62511242（总编室）	010 - 62511770（质管部）		
	010 - 82501766（邮购部）	010 - 62514148（门市部）		
	010 - 62515195（发行公司）	010 - 62515275（盗版举报）		
网　　址	http://www.crup.com.cn			
经　　销	新华书店			
印　　刷	北京瑞禾彩色印刷有限公司			
开　　本	787 mm×1092 mm　1/16	**版　　次**	2021 年 8 月第 1 版	
印　　张	16.75	**印　　次**	2024 年 2 月第 5 次印刷	
字　　数	422 000	**定　　价**	63.00 元	

前　言

　　党的二十大报告指出，教育、科技、人才是全面建设社会主义现代化国家的基础性、战略性支撑。教育是国之大计、党之大计。职业教育是我国教育体系的重要组成部分，肩负着"为党育人、为国育才"的神圣使命。本教材以习近平新时代中国特色社会主义思想为指导，深入贯彻落实党的二十大精神，将思想道德建设与专业素质培养融为一体，着力培养爱党爱国、敬业奉献，具有工匠精神的高素质技能人才。

　　本书是一本商业案例用书，全方位地讲述了 Photoshop 在现实设计中常用的 12 类商业案例。全书共分为 12 章，分别为商业标志设计、海报（招贴）设计、报纸广告设计、杂志广告设计、插画设计、DM 单设计、宣传画册设计、户外广告设计、书籍封面设计、包装设计、POP 广告设计、网站广告设计。本书基本涵盖了日常工作中所用到的 Photoshop 全部工具与功能，并涉及了平面设计行业中的各类常见任务。

　　本书每章都会有五个代表性强的商业案例，详细地介绍其操作步骤和方案设计。全书结构清晰、语言浅显易懂、案例丰富精彩，兼具实用手册和技术参考手册的特点，具有很强的实用性和较高的技术含量。

　　全书着重以案例形式讲解平面设计，针对性和实用性较强，不仅使读者巩固了学到的 Photoshop 技术技巧，更是读者在以后实际学习工作中的参考手册。本书可以作为各大院校、培训机构的教学用书，以及读者自学 Photoshop 的参考书。

　　本书资源包括书中的案例素材文件、效果文件，以提高读者的兴趣、实际操作能力以及工作效率，读者在学习过程中可参考使用。

　　本书在制作过程中力求精益求精，但由于时间有限，难免有不足之处，欢迎大家与我们沟通交流。

编者

目 录

第1章 商业标志设计 ┈┈┈┈┈ 1

1.1 商业标志的分类 ┈┈┈┈┈ 1

1.2 商业标志的设计理念 ┈┈┈ 1

1.3 优秀案例 ┈┈┈┈┈┈┈┈ 1

　　1.3.1 酒吧标志设计 ┈┈┈┈ 1

　　1.3.2 企业标志设计 ┈┈┈┈ 3

　　1.3.3 房产标志设计 ┈┈┈┈ 4

　　1.3.4 旅行社标志设计 ┈┈┈ 5

　　1.3.5 电视台标志设计 ┈┈┈ 7

1.4 课后练习 ┈┈┈┈┈┈┈┈ 9

第2章 海报（招贴）设计 ┈┈ 10

2.1 海报的分类 ┈┈┈┈┈┈┈ 10

2.2 海报的设计理念 ┈┈┈┈┈ 10

2.3 优秀案例 ┈┈┈┈┈┈┈┈ 11

　　2.3.1 比赛海报设计 ┈┈┈┈ 11

　　2.3.2 房产海报设计 ┈┈┈┈ 12

　　2.3.3 创意展海报设计 ┈┈┈ 14

　　2.3.4 俱乐部宣传海报设计 ┈ 16

　　2.3.5 海底世界宣传海报设计 ┈ 21

2.4 课后练习 ┈┈┈┈┈┈┈┈ 24

第3章 报纸广告设计 ┈┈┈┈ 25

3.1 报纸广告的分类 ┈┈┈┈┈ 25

3.2 报纸广告的设计理念 ┈┈┈ 26

3.3 优秀案例 ┈┈┈┈┈┈┈┈ 26

　　3.3.1 国际商务大厦开工

　　　　　典礼报纸广告设计 ┈┈ 26

　　3.3.2 环保出行报纸广告设计 ┈ 30

　　3.3.3 茶艺报纸广告设计 ┈┈ 34

　　3.3.4 房产报纸广告设计 ┈┈ 36

　　3.3.5 相机报纸广告设计 ┈┈ 37

3.4 课后练习 ┈┈┈┈┈┈┈┈ 43

第4章 杂志广告设计 ┈┈┈┈ 44

4.1 杂志广告的分类 ┈┈┈┈┈ 44

4.2 杂志广告的设计理念 ┈┈┈ 44

4.3 优秀案例 ┈┈┈┈┈┈┈┈ 45

　　4.3.1 葡萄酒杂志广告设计 ┈ 45

　　4.3.2 珠宝杂志广告设计 ┈┈ 49

　　4.3.3 时尚杂志封面设计 ┈┈ 51

　　4.3.4 运动品牌杂志广告设计 ┈ 55

　　4.3.5 手机杂志广告设计 ┈┈ 57

4.4 课后练习 ┈┈┈┈┈┈┈┈ 61

第5章 插画设计 ┈┈┈┈┈┈ 62

5.1 插画的分类 ┈┈┈┈┈┈┈ 62

5.2 插画的设计理念 ┈┈┈┈┈ 62

5.3 优秀案例 ┈┈┈┈┈┈┈┈ 63

　　5.3.1 月饼包装盒上的插画设计 ┈ 63

　　5.3.2 可爱Q版人物插图设计 ┈ 67

　　5.3.3 涂鸦艺术插画设计 ┈┈ 70

　　5.3.4 可爱动物插画设计 ┈┈ 72

　　5.3.5 写实人物插画设计 ┈┈ 74

5.4 课后练习 ┈┈┈┈┈┈┈┈ 80

第6章 DM单设计 ┈┈┈┈┈┈ 82

6.1 DM单的分类 ┈┈┈┈┈┈┈ 82

6.2 DM单的设计理念 ┈┈┈┈┈ 83

6.3 优秀案例 ················ 84
　6.3.1 房地产 DM 单设计 ········· 84
　6.3.2 食品 DM 单设计 ··········· 88
　6.3.3 冰激凌 DM 单设计 ········· 92
　6.3.4 婚礼三折页 DM 单设计 ···· 94
　6.3.5 餐厅 DM 单设计 ··········· 98
6.4 课后练习 ················ 102

第7章　宣传画册设计 ········· 104
7.1 宣传画册设计分类 ········· 104
7.2 宣传画册的设计理念 ······· 105
7.3 优秀案例 ················ 105
　7.3.1 旅游景区宣传画册设计 ····· 105
　7.3.2 茶文化宣传画册设计 ······· 112
　7.3.3 光伏企业宣传画册设计 ····· 115
　7.3.4 时光纪念画册设计 ········· 122
　7.3.5 美容机构宣传画册设计 ····· 128
7.4 课后练习 ················ 133

第8章　户外广告设计 ········· 134
8.1 什么是户外广告 ··········· 134
8.2 户外广告的设计理念 ······· 134
8.3 优秀案例 ················ 135
　8.3.1 可乐站牌广告设计 ········· 135
　8.3.2 耐克运动系列墙体广告设计 ··· 143
　8.3.3 网店宣传户外广告设计 ····· 155
　8.3.4 门锁户外广告设计 ········· 156
　8.3.5 音乐会户外广告设计 ······· 159
8.4 课后练习 ················ 163

第9章　书籍封面设计 ········· 165
9.1 书籍封面的组成 ··········· 165
9.2 书籍封面的设计理念 ······· 165
9.3 优秀案例 ················ 165
　9.3.1 艺术图书封面设计 ········· 165
　9.3.2 文艺小说封面设计 ········· 171
　9.3.3 漫画图书封面设计 ········· 174
　9.3.4 古风书籍封面设计 ········· 180
　9.3.5 个性潮流封面设计 ········· 185
9.4 课后练习 ················ 197

第10章　包装设计 ············ 199
10.1 包装设计的分类 ·········· 199
10.2 包装的设计理念 ·········· 199
10.3 优秀案例 ··············· 200
　10.3.1 饼干包装设计 ··········· 200
　10.3.2 番茄酱包装设计 ········· 204
　10.3.3 橙汁包装设计 ··········· 207
　10.3.4 音乐 CD 包装设计 ······· 214
　10.3.5 手提袋设计 ············· 221
10.4 课后练习 ··············· 224

第11章　POP 广告设计 ········ 226
11.1 POP 广告的分类 ·········· 226
11.2 POP 广告的设计理念 ······ 226
11.3 优秀案例 ··············· 227
　11.3.1 大嘴吃货 POP 广告设计 ··· 227
　11.3.2 欢乐中秋 POP 广告设计 ··· 237
　11.3.3 家居宣传 POP 广告设计 ··· 243
　11.3.4 PSP 宣传 POP 广告设计 ··· 244
　11.3.5 洋酒 POP 广告设计 ······ 245
11.4 课后练习 ··············· 249

第12章　网站广告设计 ········ 250
12.1 网站广告的分类 ·········· 250
12.2 网页 banner 的设计理念 ···· 251
12.3 优秀案例 ··············· 251
　12.3.1 旅游网站网页 banner 设计 ····· 251
　12.3.2 电商网站服装店铺
　　　　广告设计 ············· 253
　12.3.3 电商网站首页小型轮播图
　　　　广告设计 ············· 254
　12.3.4 电商网站数码电脑
　　　　广告设计 ············· 257
　12.3.5 钟表首饰分类页面轮播图
　　　　广告设计 ············· 259
12.4 课后练习 ··············· 261

参考文献 ··················· 262

第 1 章　商业标志设计

商业标志设计，指的是商品、企业、网站等为自己主体或者品牌等设计标志的一种行为。logo 是徽标或者商标的英文说法，通过形象的 logo，可以起到对商标拥有公司的识别和推广作用，让消费者记住公司主体和品牌文化。

1.1　商业标志的分类

logo 包括图形 logo、文字 logo、图像 logo，还有结合广告语的 logo 等。

图形 logo 是指由点、线、面不规则的图形组成，创造出的新的图形，而且这组图形在生活中是不存在的。

文字 logo 是指使用中文、英文、阿拉伯数字经过艺术设计美化后，形成的图形。

图像 logo 是指使用动物、人物、植物、几何图形组成的图像，可有提示性地说明某物某事，并且这组图像是现实生活中实际存在的。

1.2　商业标志的设计理念

商业标志的作用，第一是它的识别作用，如果一家企业的标志很容易让人与其他的事物混为一谈，那无疑是失败的；第二是它所具有的领导性，这点比较好理解，意思就是说它是企业视觉传达要素的核心部分，领导了整个企业的经营理念以及所有活动；第三就是它的同一性，我们知道，标志代表着企业的经营理念、价值取向以及文化特色等，因此在设计标志的时候一定要遵循企业实际情况。

1.3　优秀案例

1.3.1　酒吧标志设计

设计思路分析：

在本实例中运用了具有立体效果的四叶草结合多层次的色彩堆叠，营造出缤纷的视觉效果。独立的造型和醒目的颜色让标志更新颖、独特，体现出酒吧现代的气息。

主要使用工具：

移动工具、自定形状工具、文字工具、剪切蒙版、图层样式（描边）。

最终效果

1

图 1-1 新建图像文件

操作步骤：

（1）新建图像文件。执行"文件"→"新建"命令，分别设置"名称""高度""宽度"，如图 1-1 所示。设置完成后单击"确定"按钮，新建一个黑色图像文件。

（2）绘制标志雏形。单击自定形状工具，在画面中创建四叶草"形状 1"图层，如图 1-2 所示。然后双击图层缩略图，在弹出的"图层样式"对话框中勾选"描边"复选框，设置好参数后单击"确定"按钮，如图 1-3 所示。图层如图 1-4 所示。

图 1-2 创建形状

图 1-3 描边

图 1-4 图层

（3）绘制多彩图形。将四叶草图形填充新色（R211、G30、B120），如图 1-5 所示。新建多个图层，然后单击椭圆工具，在画面上绘制出正圆路径，再将路径转化为选区，填充桃红色（R227、G61、B137）；然后按 [Ctrl+Alt+G] 组合键创建剪切蒙版，如图 1-6 所示。使用同样的方式绘制多彩的圆形，并分别创建剪切蒙版，如图 1-7 所示。

图 1-5 填充

图 1-6 绘制正圆做剪切蒙版

图 1-7 绘制多个正圆做剪切蒙版

（4）使用滤镜制作投影。新建图层，载入"形状 1"图层选区并填充黑色。然后执行"滤镜"→"模糊"→"高斯模糊"命令，设置"半径"为 12 像素，如图 1-8 所示。然后调整图层顺序至"形状 1"图层下方，效果如图 1-9 所示。

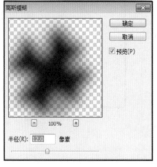

图 1-8 高斯模糊

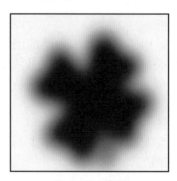

图 1-9 效果

（5）添加文字。设置前景色为淡黄色（R252、G248、B224）并填充背景图层，如图 1-10 所示。然后单击横排文字工具，输入文字，填充颜色为灰色，如图 1-11 所示。至此，完成本实例制作。

图 1-10　填充背景

图 1-11　添加文字

1.3.2　企业标志设计

设计思路分析：

在本实例中使用双环表现出企业的凝聚力，运用具有光泽质感的渐变颜色表现出企业的现代化气息。红、黄、蓝、绿这四种经典颜色搭配，让标志在表现稳重之余更体现出具有活力的感觉。

主要使用工具：

钢笔工具、图层样式（渐变叠加）、斜面与浮雕、文字工具、椭圆工具、画笔工具。

操作步骤：

（1）新建图像文件。执行"文件"→"新建"命令，打开"新建"对话框，如图 1-12 所示，分别设置各项参数，设置完成后单击"确定"按钮。

最终效果

（2）绘制环形。新建"图层 1"，然后单击钢笔工具，在图层上绘制出环形的转折部分图形路径，再将路径转化为选区并填充为黑色。完成后新建多个图层，使用同样的方法，分别绘制出环形转折部分的各个图形，如图 1-13 所示。

图 1-12　新建图像文件

图 1-13　绘制环形

（3）添加图层样式。双击"图层1"图层缩览图，在弹出的"图层样式"对话框中勾选"渐变叠加""斜面和浮雕"复选框，设置渐变颜色为墨绿色（R0、G54、B0）到绿色（R29、G193、B14）。设置好参数后单击"确定"按钮，效果如图1-14所示。

（4）继续添加图层样式。使用同样的方法分别为其他的环形图层添加"渐变叠加""斜面和浮雕"图层样式。新建图层，使用钢笔工具，绘制出反光区域路径，然后将路径转化为选区并填充白色，然后调整图层"不透明度"为25%，效果如图1-15所示。

（5）添加图案投影和文字。合并环形图层并复制图层，然后缩小其形状并调整摆放位置，制作出双环的效果。新建图层，然后单击椭圆工具，绘制出黑色投影。再执行"滤镜"→"模糊"→"高斯模糊"命令，完成后调整图层"不透明度"。单击横排文字工具，输入文字并填充为灰色，效果如图1-16所示。至此，完成本实例制作。

图1-14　添加图层样式

图1-15　继续添加图层样式

图1-16　添加图案投影和文字

1.3.3　房产标志设计

设计思路分析：

在本实例中通过花瓣和绿芽的形象塑造房产标志。花瓣温柔地呵护着鲜嫩的绿芽，表现出一种人文关怀，再配以具有现代气息的字体，让标志整体更醒目。

主要使用工具：

钢笔工具、图层样式（渐变叠加、描边）、文字工具、画笔工具。

操作步骤：

（1）新建图像文件。执行"文件"→"新建"命令，打开"新建"对话框，如图1-17所示，分别设置"名称""高度""宽度"，设置完成后单击"确定"按钮，新建一个空白图像文件。

最终效果

（2）绘制叶子。单击自定形状工具，在画面上创建叶子"形状1"图层，并添加"渐变叠加"图层样式，制作出绿色渐变的叶子。新建多个图层，然后结合钢笔工具和渐变工具制作出叶片上的白色反光。再使用同样的方法绘制出叶片的投影，并使用钢笔工具绘制出叶子的白色高光，让叶子更立体，如图1-18所示。

图 1-17　新建图像文件　　　　　　　　　图 1-18　绘制叶子

（3）绘制立体感形象。新建图层，使用钢笔工具绘制出白色的花心图形。然后复制花心图层，再添加"渐变叠加"图层样式，设置渐变颜色为土黄色（R184、G144、B185）到黄色（R252、G196、B0），设置好参数后应用图层样式。结合钢笔工具让花瓣边缘略小于白色部分，制作出光泽点，如图 1-19 所示。

（4）添加花瓣细节。新建多个图层，使用钢笔工具绘制花瓣上的光泽路径并填充白色，适当调整图层"不透明度"，并结合图层蒙版让光泽过渡自然。继续绘制花瓣上的细节，并结合"渐变叠加"图层样式，让花瓣更立体，如图 1-20 所示。

（5）添加更多素材。单击横排文字工具，输入文字并分别填充颜色为白色和墨绿色（R19、G81、B3）。然后添加"描边""渐变叠加"图层样式，让文字更有设计感。在"背景"图层上方新建图层，使用画笔工具绘制出绿色（R6、G159、B6）发光效果，如图 1-21 所示。至此，完成本实例制作。

图 1-19　绘制立体感形象　　　图 1-20　添加花瓣细节　　　图 1-21　添加更多素材

1.3.4　旅行社标志设计

设计思路分析：

在本实例中，使用了时钟和月牙的形象，时钟象征着旅行带来的生命充实感，而月牙则是在旅行过程中，旅行社对旅人的真诚服务。标志运用了五彩缤纷的色彩，象征着旅行带来的多彩体验，也使其形象更鲜明。

最终效果

主要使用工具：

钢笔工具、渐变工具、图层样式（渐变叠加/描边/投影）、文字工具。

操作步骤：

（1）新建图像文件。执行"文件"→"新建"命令，打开"新建"对话框，分别设置各项参数，设置完成后单击"确定"按钮，新建一个空白图像文件，如图1-22所示。

图1-22　新建图像文件

（2）绘制多层图形。新建图层，使用钢笔工具绘制出月牙图形，并添加"渐变叠加"图层样式，设置渐变颜色为黄色（R255、G222、B2）到橘红色（R253、G191、B1）到柠檬黄（R253、G250、B5），如图1-23所示，然后新建多个图层，使用钢笔工具分别绘制出暗紫色（R132、G61、B139），桃红色（R243、G47、B221）月牙，如图1-24、图1-25所示。

图1-23　绘制月牙

图1-24　绘制暗紫色月牙

图1-25　绘制桃红色月牙

（3）添加光泽。新建多个图层，使用钢笔工具根据蓝紫色月牙形状绘制出光泽路径，并填充为白色。然后调出图层"不透明度"为60%，并添加图层蒙版，结合渐变蒙版进行黑色到透明色的渐变填充，让光泽过渡更自然。使用同样的方法为其他颜色的月牙绘制光泽，如图1-26所示。

（4）添加渐变文字。单击横排文字工具，输入文字。然后添加"渐变叠加"图层样式，如图1-27所示，设置渐变颜色为黄色（R243、G202、B47）到橘红色（R247、G117、B1），设置好参数后应用图层样式效果，如图1-28所示。

图1-26　添加光泽

图 1-27　图层

图 1-28　添加渐变文字

（5）添加立体质感文字。单击横排文字工具，输入文字并分别填充黄色（R243、G202、B47）、橘红色（R247、G117、B1）、蓝色（R1、G169、B232）。新建图层，载入文字图层选区并填充白色，结合图层蒙版隐藏部分图像。然后选择文字图层，并添加"描边""投影"图层样式，如图 1-29 所示。至此，完成本实例制作。

图 1-29　添加立体质感文字

1.3.5　电视台标志设计

最终效果

设计思路分析：

在本实例中运用了字母 V 造型的球形作为电视台标志，水晶立体的造型配合桃红色和蓝色进行对比，使标志形象独特而醒目，让人印象深刻。

主要使用工具：

椭圆工具、钢笔工具、图层样式（内阴影）、渐变工具、画笔工具、文字工具。

操作步骤：

（1）新建图像文件。执行"文件"→"新建"命令，打开"新建"对话框，分别设置"名称""高度""宽度"，设置完成后单击"确定"按钮，新建一个空白图像文件，如图 1-30 所示。

（2）绘制球形。新建"图层 1"，单击椭圆工具，创建正圆路径并将路径转换为选区，然后使用渐变工具在选区内进行白色到灰色的径向渐变填充，再添加"内阴影"图层样式，如图 1-31 所示。新建"图层 2"，使用钢笔工具，绘制出包裹这球形的半圆，并填充任意颜色，然后添加"渐变填充"图层样式，制作出具有立体感的半圆形。

图 1-30　新建图像文件

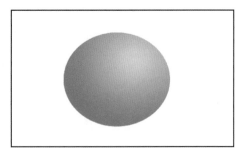

图 1-31　绘制球形

（3）绘制蓝、红半球。新建图层，单击钢笔工具，绘制出蓝色半球形的厚度路径，并填充深蓝色（R18、G67、B154），然后添加"内阴影"图层样式，设置好参数后单击"确定"按钮，效果如图 1-32 所示。新建图层，使用钢笔工具绘制出红色的半球形，并添加"渐变叠加"图层样式，让图形更立体，如图 1-33 所示。

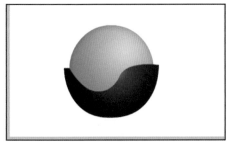

图 1-32　绘制蓝色半球

图 1-33　绘制红色半球

（4）绘制光泽。新建多个图层，使用同样的方法绘制红色半球厚度。然后结合钢笔工具"描边路径"绘制出球形上的光泽，并调整图层混合模式为"叠加"，并添加图层蒙版让光泽过渡更自然。结合椭圆工具和图层蒙版绘制出球形上的白色反光图案。

（5）添加投影和文字。新建图层，使用画笔工具分别绘制出浅桃红（R227、G51、B124）和淡蓝色（R411、G45、B211）反光，再使用橡皮擦工具擦除多余部分。使用画笔工具绘制出球形投影。单击横排文字工具，输入文字，然后填充背景图层为灰色，并使用白色画笔绘制出光晕，如图 1-34 所示。至此，完成本实例制作。

图 1-34　添加投影和文字

1.4　课后练习

1. 结合所学知识，运用钢笔工具、渐变工具、文字工具完成工作室 logo 设计。

工作室 logo 效果

2. 结合所学知识，运用钢笔工具、渐变工具、形状工具和图层混合模式，完成美容院 logo 设计。

美容院 logo 效果

第 2 章 海报（招贴）设计

海报又名"招贴"或"宣传画"，属于户外广告，分布于各街道、影剧院、展览会、商业闹区、车站、码头、公园等公共场所。国外也称之为"瞬间"的街头艺术。

2.1 海报的分类

按其功能，海报主要可分为三大类：

1. 公共海报

政治海报：政党、社会团体某种观念的宣传与活动，政府部门指定的政策与方针的宣传以及重大的政治活动，如经济建设、征兵工作等。

公益海报：包括社会公德、社会福利、环境保护、劳动保护、交通安全、防火、防盗、禁烟、禁毒、预防疾病、保护妇女儿童权益等。

活动海报：包括各种节日以及集会、民族活动，如妇女节、儿童节、教师节、国庆节、圣诞节、狂欢节、登山节、风筝节等。

2. 商业海报

商业海报：包括各类商品的宣传、招商、树立企业形象，以及观光旅游、交易会、邮政、电信、交通、保险等方面的广告。

文化娱乐海报：包括科技、教育、文学艺术、新闻出版、文物、体育等方面的内容，如音乐、舞蹈、戏剧的演出，电影宣传、各种展览、体育竞赛、运动会等。

3. 艺术海报

艺术海报包括各类绘画展、设计展、摄影展及艺术家个人推广等。艺术海报更注重个性、风格和感情的表达，注重作品的绘画性和艺术性。

2.2 海报的设计理念

海报相比其他广告具有画面大、内容广泛、艺术表现力丰富、远视效果强烈的特点。提起广告，我们首先想到的就是海报。

1. 画面大

海报不是捧在手上的设计，而要张贴在热闹场所，它受到周围环境和各种因素的干扰，所以必须以大画面及突出的形象和色彩展现在人们面前。其画面有全开、对开、长三开及特大画面（八张全开等）。

2. 远视强

为了给来去匆忙的人们留下印象，除了面积大之外，海报设计还要充分运用定位设计的原理，以突出的商标、标志、标题、图形，对比强烈的色彩，或大面积空白、简练的视觉流程，使之成为视觉焦点。如果就形式上区分广告与其他视觉艺术的不同，海报可以说更具广告的典型性。

3. 艺术性高

就海报的整体而言，它包括了商业和非商业方面的种种广告。商业中的商品海报以具有艺术表现力的摄影、造型写实的绘画和漫画形式表现较多，给消费者留下真实感人的画面或富有幽默情趣的感受。而非商业性的海报，内容广泛、形式多样，艺术表现力丰富。特别是文化艺术类的海报，根据广告主题，可充分发挥想象力，尽情施展艺术手段。许多追求形式美的画家都积极投身到海报的设计中，并且在设计中用自己的绘画语言，设计出风格各异、形式多样的海报。不少现代派画家的作品就是以海报的面目出现的，美术史上也曾留下了诸多精彩的轶事和生动的画作。

2.3　优秀案例

2.3.1　比赛海报设计

最终效果

设计思路分析：

本实例以暖色调为主，画面采用炫彩的点状背景，结合图层蒙版，将人物笼罩在星光熠熠的背景中，传达出歌唱比赛激情洋溢和鼓舞人心的视觉效果。

主要使用工具：

钢笔工具、画笔工具、文字工具、图层蒙版。

操作步骤：

（1）新建图像文件。执行"文件"→"新建"命令，打开"新建"对话框，分别设置"名称""高度""宽度"，设置完成后单击"确定"按钮，新建一个空白图像文件，如图 2-1 所示。

（2）打开素材文件。打开"人物.jpg""背景.jpg"文件，移动至当前文件中，调整图像大小和位置。设置"背景"图层混合模式为"正片叠底"，为其添加图层蒙版，结合钢笔工具和画笔工具显示下层的"人物"图像，如图 2-2 所示。

图 2-1　新建图像文件

图 2-2　打开素材文件

（3）添加光线并编辑图层蒙版。添加"光线 1.jpg""光线 2.jpg""光线 3.jpg"文件到当前文件中并调整其位置。设置"光线 1""光线 2"图层混合模式为"柔光"。分别添加图层蒙版，运用画笔工具隐藏不需要的部分。按［Ctrl＋J］组合键复制"光线 1"图层并调整大小和位置，如图 2-3 所示。

（4）添加文字并调整效果。添加文字并对部分文字进行编组。添加"背景 2.jpg"文件到当前文件中并调整图像大小、位置和图层上下关系。单击鼠标右键为"背景 2"图层创建剪贴蒙版，为"GABRIEL DANNEY"图层添加"投影"图层样式，如图 2-4 所示。

图 2-3　添加光线并编辑图层蒙版　　　　图 2-4　添加文字并调整效果

（5）添加更多素材。打开"星光.png""加深.png"文件，添加至当前图像文件中，调整其大小、位置和图层上下关系，丰富图像效果，如图 2-5 所示。至此，完成本实例制作。

图 2-5　添加更多素材

最终效果

2.3.2　房产海报设计

设计思路分析：

本实例以荷塘为主题素材，搭配深邃幽蓝的大海面，利用图层混合模式，使多张图像紧密结合，营造出优雅深邃的画面效果。

主要使用工具：

移动工具、自由变换命令、画笔工具、橡皮擦工具、文字工具、图层蒙板、渐变工具。

操作步骤：

（1）新建图像文件。执行"文件"→"新建"命令，打开"新建"对话框，分别设置"名称""高度""宽度"，设置完成后单击"确定"按钮，新建一个空白文档，如图 2-6 所示。

（2）打开素材文件。执行"文件"→"打开"命令，打开"月夜.jpg""海面.jpg"文件，分别添加至当前文件中，结合自由变换命令和图层蒙版命令调整图像，更改"海面"图层混合模式为"叠加"，如图 2-7 所示。

图 2-6　新建图像文件　　　　　　　　　　图 2-7　打开素材文件

（3）添加素材文件。打开"荷塘.png""白边.png"文件添加到当前图像文件中，调整图层上下关系，如图 2-8 所示。单击矩形工具绘制路径并建立选区，单击"图层"面板下方"创建新图层"按钮新建图层，命名为"渐变"。单击渐变工具按钮，为矩形添加自上而下深蓝色（R6、G83、B119）到黑色（R0、G0、B0）的线性渐变，如图 2-9、图 2-10所示。

图 2-8　添加荷塘素材　　　图 2-9　设置渐变　　　图 2-10　绘制渐变矩形

（4）添加人物素材。打开"翅膀.png""美女.jpg""水珠.png"文件，添加到当前图像文件中，调整合适的大小、位置和图层上下关系；结合图层蒙版和钢笔工具对"美女"图层进行添加和编辑图层蒙版，如图 2-11 所示。

（5）添加更多素材和文字。打开"标志.png""小图.png""小花瓣.png"文件，添加至当前图像文件中，调整其合适的大小、位置和图层上下关系；最后添加文字，为所有文字图层编组并命名为"文字"，丰富画面效果，如图 2-12 所示。至此，完成本实例制作。

图 2-11 添加人物素材

图 2-12 添加更多素材和文字

2.3.3 创意展海报设计

最终效果

设计思路分析：

本实例主要以矢量的炫彩花纹为主，体现独特的创意，再搭配一些绿色植物，使画面呈现清新自然的感觉。

主要使用工具：

移动工具、自由变换命令、文字工具、文字工具、渐变工具。

操作步骤：

（1）新建图像文件。执行"文件"→"新建"命令，打开"新建"对话框，分别设置"名称""高度""宽度"，设置完成后单击"确定"按钮，新建一个空白文件，如图 2-13 所示。

图 2-13 新建图像文件

（2）新建背景文件。单击"图层"面板下方的"创建新图层"按钮，新建"图层 1"，单击渐变工具，在属性栏中单击渐变颜色预览图，弹出"渐变编辑器"对话框，设置渐变颜色从左到右为白色（R255、G255、B255）和浅蓝色（R170、G222、B252），完成后单击"确定"按钮，从中心向外径向填充，如图 2-14 所示。

（3）添加并调整素材。打开"图案.png"文件，添加到当前图像文件中，调整其大小和位置。选定图层，单击"图层"面板"创建新图层"按钮，创建图层并命名为"白底"，为图层填充白色，调整合适的大小和图层上下位置，如图 2－15 所示。

图 2－14　新建背景文件　　　　　　　　图 2－15　添加并调整素材

（4）添加并制作文字效果。添加主题文字，按［Ctrl＋T］组合键对文字进行自由变换调整；单击"创建文字变形"按钮，为文字变形；单击图层面板下方"添加图层样式"按钮，结合"渐变叠加"和"描边"图层样式调整文字，增添文字渐变与描边效果，如图 2－16 所示。

（5）添加更多素材。打开"草地.png""芽.png""泡泡.png"文件，添加到当前图像文件中，调整素材大小和位置关系；添加辅助文字，增强画面效果，如图 2－17 所示。至此，完成本实例制作。

图 2－16　添加并制作文字效果　　　　　　图 2－17　添加更多素材

2.3.4 俱乐部宣传海报设计

设计思路分析：

宣传海报的设计风格应根据俱乐部的定位而定。根据俱乐部属性组合画面中的构成元素，以体现俱乐部的定位和消费人群，在色调上则要体现出俱乐部所要营造的氛围，传达出俱乐部的内涵以使其富有感染力。本案例中的俱乐部宣传海报所展现的是构图感强烈、色调鲜明的画面效果，让人对该俱乐部产生无尽的畅想。

主要使用工具：

画笔工具、自定形状工具、椭圆工具、钢笔工具、"色彩平衡"调整图层、"亮度/对比度"调整图层、"色阶"调整图层、"色相/饱和度"调整图层、"渐变叠加"图层样式、"外发光"图层样式等。

最终效果

操作步骤：

（1）执行"文件"→"新建"命令，在弹出的对话框中设置各项参数并单击"确定"按钮，新建一个图像文件，如图 2-18 所示。

（2）新建一个"方格"图层组，单击自定形状工具，在属性栏中设置相应参数，在画面左上角绘制一个拼贴形状；单击"添加图层样式"按钮，在弹出的快捷菜单中选择"渐变叠加"命令，在弹出的对话框中设置相应参数；使用相同的方法为该形状图层添加"图案叠加"图层样式，如图 2-19 所示。

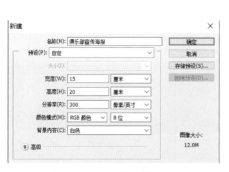

图 2-18 新建图像文件　　　　　　　图 2-19 渐变方格拼贴

（3）按［Ctrl＋J］组合键，复制 5 次"形状 1"图层，分别调整各形状的位置；依次双击各图层，在"图层样式"对话框中调整"渐变叠加"选项区的参数，使画面色调更加丰富；单击"添加图层蒙版"按钮，为该组添加图层蒙版，并使用画笔工具在画面中心涂抹，以隐藏部分图像色调，如图 2-20 所示。

（4）新建一个"背景"图层组，打开"球体.png"文件，将其拖至当前图像文件中，按［Ctrl＋J］组合键复制该图层并调整其位置；设置图层混合模式为"叠加"，使其与背景图像相融合，如图 2-21 所示。

图 2－20　添加图层蒙版

图 2－21　添加球形素材

（5）选择"图层 1"，单击"添加图层样式"按钮，在弹出的快捷菜单中选择"外发光"命令，并在弹出的对话框中设置相应参数，为该图像添加外发光效果，如图 2－22 所示。

（6）打开"材质.jpg"文件，将其拖至当前图像文件中。按〔Ctrl＋J〕组合键复制 3 次该图层并分别调整其位置，设置图层混合模式为"叠加"，使其与方格图像相融合，如图 2－23 所示。

图 2－22　添加外发光

图 2－23　添加并编辑材质

（7）单击椭圆工具，并在属性栏中设置相应参数后，按住 Shift 键的同时在画面右侧单击并拖动绘制出一个正圆形状，设置该图层的混合模式为"深色"，如图 2－24 所示。多次复制该图层并分别调整其大小、颜色和位置，分别设置图层混合模式为"颜色加深"和"差值"，如图 2－25、图 2－26 所示。

图 2－24　绘制黄色正圆

图 2－25　绘制青色正圆

图 2－26　绘制黑色正圆

17

（8）单击钢笔工具，在属性栏中设置参数后在画面左侧绘制一个不规则形状，然后为该形状图层添加"渐变叠加"图层样式，如图 2 - 27 所示。

（9）使用钢笔工具，在画面左侧绘制多个不规则形状，然后为"形状 3"图层添加"渐变叠加"图层样式，如图 2 - 28 所示。

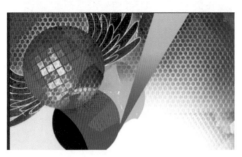

图 2 - 27　钢笔绘制不规则形状　　　　图 2 - 28　钢笔绘制多个不规则形状

（10）单击椭圆工具，并在属性栏中设置相应参数，按住 Shift 键的同时在画面中单击并拖动，绘制出一个正圆边框形状，如图 2 - 29 所示。按 [Ctrl+J] 组合键，复制 17 次该图层并分别调整其位置，如图 2 - 30 所示。

图 2 - 29　绘制正圆边框形状　　　　图 2 - 30　复制正圆边框

（11）打开"菱形 1.png"文件，将其拖至当前图像文件中并调整其位置；单击"创建新的填充或调整图层"按钮，在弹出的菜单中选择"色彩平衡"命令，在"属性"面板中设置相应参数并创建剪贴蒙版；使用相同的方法，创建"亮度/对比度"调整图层，如图 2 - 31 所示。

（12）按住 Ctrl 键选择"图层 3"及其调整图层，按 [Ctrl+Alt+Shift+E] 组合键盖印图层，得到"亮度/对比度 1（合并）"图层；多次复制该图层并分别调整其大小和位置，如图 2 - 32 所示。

图 2 - 31　添加编辑素材　　　　图 2 - 32　复制多个素材

（13）打开"菱形 2.png"文件，将其拖至当前图像文件并调整其位置，为该图层添加"亮度/对比度"调整图层并创建剪贴蒙版，以调整该图像的亮度和对比度，如图 2 - 33 所示。

（14）按住 Ctrl 键选择"图层 4"及其调整图层，按［Ctrl＋Alt＋Shift＋E］组合键盖印图层，得到"亮度/对比度 2（合并）"；多次复制该图层并分别调整其大小和位置，如图 2 - 34 所示。

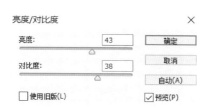

图 2 - 33　调整亮度和对比度　　　　图 2 - 34　复制并调整

（15）打开"喇叭.png"文件，将其拖至当前图像文件并调整其位置；单击"创建新的填充或调整图层"按钮，应用"纯色"命令，并设置颜色为紫红色（R239、G82、B237），然后设置混合模式为"颜色减淡"，如图 2 - 35 所示。

（16）按住 Ctrl 键选择"喇叭"图层及其填充图层，按［Ctrl＋Alt＋Shift＋E］组合键盖印图层，得到"颜色填充 1（合并）"图层，然后调整其大小和位置，如图 2 - 36 所示。

图 2 - 35　图层　　　　　　图 2 - 36　图层面板

（17）复制"喇叭"图层并调整其大小和位置，再次创建"颜色填充"调整图层并设置颜色为深紫色（R75、G10、B179），然后设置其混合模式为"颜色减淡"，如图 2 - 37 所示。

图 2 - 37　图层面板设置

（18）打开"椎体.psd"文件，将其中的图层拖至当前图像文件并分别调整其位置；分别复制各图层，并结合图层蒙版和画笔工具隐藏部分图像色调，如图 2-38 所示。

（19）新建"图层 5"并为其填充白色；结合矩形选框工具和图层蒙版隐藏局部色调；单击自定形状工具，并在属性栏中设置相应参数，在画面下方绘制一个横幅形状，多次复制该形状图层并调整其位置，如图 2-39 所示。

图 2-38　添加多个椎体　　　　　　图 2-39　添加横幅形状

（20）新建一个"文字"图层组，单击横排文字工具，在"字符"面板中设置相应参数，在画面中输入主题文字并对其进行变形处理；使用钢笔工具，在文字上绘制多个不规则形状，以调整文字的外形；按［Ctrl＋Alt＋Shift＋E］组合键盖印该组，得到"文字（合并）"图层，隐藏该组，如图 2-40 所示。

（21）为"文字（合并）"图层添加"描边"和"渐变叠加"图层样式，以使该文字图像与整体画面色调相统一，如图 2-41 所示。

图 2-40　添加文字　　　　　　　图 2-41　设置图层样式

（22）打开"图标.png"文件，将其拖至当前图像文件中并放置在画面下方；单击"创建新的填充或调整图层"按钮，应用"色阶"命令，并创建剪贴蒙版，以调整图标的色调与对比度，如图 2-42 所示。

（23）继续使用横排文字工具，在画面中多次输入文字并调整文字的大小、位置和颜色；使用直线工具在画面中绘制多条直线，使文字显得更加有条理性，如图 2-43 所示。至此，本实例制作完成。

图 2 - 42　添加图标素材

图 2 - 43　添加文字

2.3.5　海底世界宣传海报设计

设计思路分析：

海底世界宣传海报的设计风格应根据海底世界的内容而定。一般可以通过色调的表现强调"海底世界"这一概念，通过组合画面内容传达出相应的内涵以使其富有感染力。本案例中的海底世界宣传海报通过变形夸张手法，使用清澈的蓝色调，传达给观众清爽、神秘之感。

主要使用工具：

图层蒙版、画笔工具、钢笔工具、文字工具、图层混合模式、"颜色填充"图层、"外发光"图层样式。

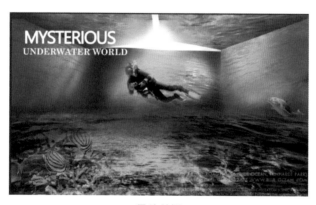
最终效果

操作步骤：

（1）执行"文件"→"新建"命令，在弹出的对话框中设置各项参数并单击"确定"按钮，新建一个图像文件，如图 2 - 44 所示。

（2）新建一个"海底"图层组。打开"风景 1.jpg"文件，将其拖至当前图像文件中并调整其位置；单击"添加图层蒙版"按钮以添加图层蒙版，使用画笔工具在图像中涂抹，以隐藏部分图像色调，如图 2 - 45 所示。打开"风景 2.jpg"文件并拖至当前图像文件中，结

图 2-44　新建图像文件

合图层蒙版和画笔工具隐藏部分图像色调，设置其图层混合模式为"叠加"，使图像色调融合，如图 2-46 所示。

图 2-45　添加素材

图 2-46　设置叠加模式和添加图层蒙版

（3）依次打开"珊瑚.jpg"和"海面.jpg"文件，分别拖至当前图像文件中并调整其位置；结合图层蒙版和画笔工具隐藏部分图像色调，设置"图层 4"的混合模式为"柔光"，如图 2-47 所示。

（4）在"图层 3"上方创建"颜色填充"调整图层并设置颜色为墨绿色（R2、G68、B10）；选择其蒙版并使用画笔工具在画面中涂抹，恢复局部色调；创建剪贴蒙版并设置其混合模式为"色相"，如图 2-48 所示。

图 2-47　添加素材设置图层混合模式

图 2-48　调整图层颜色

（5）新建一个"立体"图层组，在其中新建图层；单击钢笔工具，并在属性栏中设置相应参数，在画面左侧绘制一个不规则形状，如图 2-49 所示。复制"形状 1"图层并调整其位置，结合图层蒙版和画笔工具分别隐藏部分图像色调，如图 2-50 所示。

（6）继续使用钢笔工具在画面中绘制多个不规则形状；结合图层蒙版和画笔工具，分别隐藏部分图像色调，形成立体效果，如图 2-51 所示。

图 2－49　钢笔绘制不规则形状　　　　　图 2－50　复制隐藏形状

（7）在"海底"图层组中选择"图层 1"并复制该图层，将其拖至"立体"图层组中，调整其位置并选择其蒙版，使用画笔工具在图像中涂抹以隐藏部分图像色调，调整图层混合模式；多次复制该图层并分别调整其大小和位置；使用相同的方法，调整各图像效果，如图 2－52 所示。

图 2－51　绘制隐藏多个不规则形状　　　图 2－52　调整图像效果

（8）依次打开"乌龟.jpg"和"动物.jpg"文件，分别拖至当前图像文件中并调整其位置；结合图层蒙版和画笔工具，分别隐藏部分图像色调，如图 2－53 所示。

（9）打开"水花.png"文件，将其拖至当前图像文件中并调整其位置。结合图层蒙版和画笔工具隐藏部分图像色调，设置图层混合模式为"线性减淡（添加）"，如图 2－54 所示。

图 2－53　添加素材并调整　　　　　　　图 2－54　添加水花素材并调整

（10）打开"人物.png"文件，将其拖至当前图像文件中并调整其位置；结合图层蒙版和钢笔工具，抠取人物图像，并为其添加"外发光"图层样式，如图 2－55 所示。

（11）单击横排文字工具，在"字符"面板中设置相应参数，在画面中输入主题文字；使用相同的方法，继续在画面中输入辅助文字，并调整文字的大小和位置关系，如图 2－56 所示。至此，本实例制作完成。

图 2-55 添加人物素材并调整

图 2-56 添加文字

2.4 课后练习

1. 这是一个创意中国风美食海报设计，主要通过实物的材质来拼接出国画风格的山水风景，以此来表现出能打动人们视觉的"舌尖上的中国"。

主要使用功能：椭圆形状工具、画笔工具、图层样式、自由变换、曲线调整图层、剪贴蒙版、图层混合模式等。

中国风美食海报效果

2. 这是一张关于传统节日——腊八节海报设计，传统风格，以红色为主色调，搭配灯笼和梅花素材，彰显出传统、温馨的节日氛围。

主要使用功能：钢笔工具、画笔工具、图层蒙版、形状工具等。

腊八节海报效果

第3章 报纸广告设计

报纸广告，顾名思义，指刊登在报纸上的广告。它的优点是读者稳定、传播覆盖面大、时效性强，特别是日报，可将广告及时登出，并马上送抵读者，制作简单、灵活。

3.1 报纸广告的分类

报纸广告按版面可以分为：报花广告、报眼广告、半通栏广告、单通栏广告、双通栏广告、半版广告、整版广告、跨版广告。

1. 报花广告

报花广告指报纸每个栏目或专题尾部的点题图案，起装饰性作用，大小如邮票一般大。这类广告版面很小，形式特殊，不具备广阔的创意空间，文案只能作重点式表现，突出品牌或企业名称、电话、地址及企业赞助之类的内容，不体现文案结构的全部，一般采用一种陈述性的表述。

2. 报眼广告

报眼，即横排版报纸报头一侧的版面。其版面面积不大，但位置十分显著、重要，引人注目。

3. 半通栏广告

半通栏广告一般分为大小两类：50 mm×350 mm 和 32.5 mm×235 mm。由于这类广告版面较小，而且众多广告排列在一起，互相干扰，广告效果容易互相削弱，因此，如何使广告做得超凡脱俗、新颖独特，使之从众多广告中脱颖而出，跳入读者视线，是应特别注意的。

4. 单通栏广告

单通栏广告也有两种类型，100 mm×350 mm 和 65 mm×235 mm。这是广告中最常见的一种版面，符合人们的正常视觉，因此版面自身有一定的说服力。

5. 双通栏广告

双通栏广告一般有 200 mm×350 mm 和 130 mm×235 mm 两种类型。在版面面积上，它是单通栏广告的 2 倍，凡适于报纸广告的结构类型、表现形式和语言风格都可以在这里运用。

6. 半版广告

半版广告一般有 250 mm×350 mm 和 170 mm×235 mm 两种类型。半版与整版和跨版广告，均被称之为大版面广告，是广告主雄厚的经济实力的体现。

7. 整版广告

整版广告一般可分为 500 mm×350 mm 和 340 mm×235 mm 两种类型，是单版广告中最大的版面，给人以视野开阔，气势恢宏的感觉。

8. 跨版广告

跨版广告指一个广告作品，刊登在两个或两个以上的报纸版面上，一般有整版跨板、半版跨板、1/4 版跨版等几种形式。跨版广告很能体现企业的大气魄、厚基础和经济实力，是大企业所乐于采用的。

3.2 报纸广告的设计理念

很多人看报纸，对上面的广告都会自动忽略，但并非所有的报纸广告都不会被人看到，一些比较有创意、有个性的广告依然能够成功引起人们的注意。

报纸广告设计创意的前提是要掌握这种媒体自身的特点，这样设计出来的报纸广告才能够更加吸引人。

1. 经济性

报纸本身的新闻报道、学术研究、文化生活、市场信息就已经具有一定的吸引力了，所以报纸广告设计就需要以创意来吸引人，根据情况采用图形和文字，大部分运用黑白构成的设计，无疑会相对方便且经济。

2. 快速性

报纸的印刷和销售速度都是非常快的，通常第一天的设计稿第二天就能见报，所以根据其快速性这一特点，适合于时间性强的新产品广告和快件广告，诸如展销、展览、劳务、庆祝、航运、通知等。

3. 连续性

报纸是每天都在发行的，具有连续性这一特点，报纸广告设计时可利用其发挥重复性和渐变性来吸引读者的注意力，以此来加深其印象。

4. 广泛性

报纸的类型多种多样，发行面特别广，受众群体大，所以报纸广告除了一些生产资料的，生活类的广告投放也是比较多的，既可刊登医药滋补类广告，也可刊登艺术类广告。可用黑白广告，也可套红和彩印，内容形式较丰富。

3.3 优秀案例

3.3.1 国际商务大厦开工典礼报纸广告设计

设计思路分析：

本实例制作的是国际商务大厦的开工典礼广告，通过云与高楼的巧妙结合，使得整个画面高远大气、富有想象。

主要使用工具：

图层蒙版、画笔工具、自定形状工具、钢笔工具、直线工具、文字工具、图层混合模

最终效果

式、"内发光"图层样式、"外发光"图层样式、"镜头光晕"滤镜等。

操作步骤：

（1）启动 Photoshop 后，执行"文件"→"新建"命令，弹出"新建"对话框，设置参数，单击"确定"按钮，新建一个空白文件，如图 3－1 所示。

（2）选择工具箱中的渐变工具，在选项栏中设置从青灰色（♯bac1c8）到灰色（♯dcdde1）到青灰色（♯bac1c8）的渐变色，在画面中从左往右拖出渐变色，如图 3－2 所示。

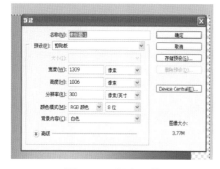

图 3－1　新建文件

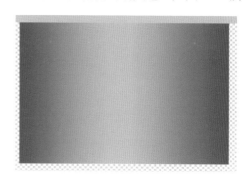

图 3－2　填充渐变

图 3－3　选出部分云朵

（3）打开"云朵 1"素材，单击磁性套索工具，套出部分云朵。

（4）按［Ctrl＋J］组合键复制一层，将背景图层隐藏，按［Ctrl＋Alt＋2］组合键，载入高光选区，按［Ctrl＋C］组合键复制，切换到编辑文件窗口，按［Ctrl＋V］组合键，粘贴图形，如图 3－3 所示。

（5）双击图层面板中的云朵缩览图，弹出"图层样式"对话框，如图 3－4 所示，按住 Alt 键，拖动滑块，应用图层样式，如图 3－5 所示。

图 3－4　图层样式

图 3－5　应用图层样式

（6）选择矩形选框工具，在画面中绘制矩形选框。

（7）按［Shift＋F6］组合键，弹出"羽化"对话框，设置羽化半径为 100 像素，设置前景色为白色，按［Alt＋Delete］组合键，填充前景色，设置图层"不透明度"为 20%，如图 3-6 所示。

（8）参照上述操作，绘制其他光束，分别设置不同的不透明度。

（9）选择中间的光束，复制两层，按［Ctrl＋T］组合键，调整图形形状，选择工具箱中的涂抹工具，对图形进行涂抹，使其有烟雾效果，如图 3-7 所示。

图 3-6　绘制矩形并羽化　　　　　　　图 3-7　复制并编辑其他光束

（10）打开"雪山"素材，拖入画面中，按［Ctrl＋T］组合键，调整大小，单击右键，选择垂直翻转，如图 3-8 所示。

（11）单击"添加图层蒙版"按钮，选择蒙版层，设置前景色为黑色，单击画笔工具，涂抹不需要的部分，如图 3-9 所示。

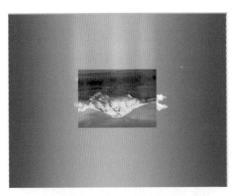 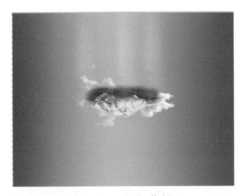

图 3-8　打开雪山素材　　　　　　　　图 3-9　添加蒙版

（12）打开"城市"素材，单击磁性套索工具，套出需要的部分拖入画面，按［Ctrl＋T］组合键调整好大小和位置。

（13）单击"添加图层蒙版"按钮，选择蒙版层，运用画笔工具涂抹需要隐藏的部分，如图 3-10 所示。

（14）打开其他"建筑"素材，套出需要的部分放置到画面中，打开"树"素材，去底后拖入画面中，调整好大小和位置，如图 3-11 所示。

（15）打开"云朵 2"拖入画面，调整好位置。

（16）按 ［Ctrl＋Shift＋U］组合键，进行去色，如图 3－12 所示。按 ［Ctrl＋L］组合键，打开"色阶"对话框，如图 3－13 所示。

图 3－10　添加隐藏城市素材

图 3－11　添加其他素材

图 3－12　云朵 2 取色

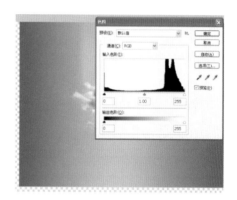

图 3－13　色阶取色

（17）添加图层蒙版，运用画笔工具涂抹需要隐藏的部分。

（18）参照上述操作，继续添加"云朵"，单击画笔工具，设置适当不透明度，绘制云雾效果，如图 3－14 所示。

（19）新建一个图层，单击矩形选框工具，绘制一个矩形选框，填充白色，如图 3－15 所示。

图 3－14　继续添加云朵

图 3－15　绘制白色矩形

（20）打开"地图 . jpg"素材，拖入画面右下角，按 ［Ctrl＋T］组合键，调整好大小，如图 3－16 所示。

（21）打开"标志 . psd"素材，拖入画面，单击横排文字工具，输入相应文字，如图 3－

17 所示。至此，本实例制作完成。

图 3-16　添加地图

图 3-17　添加其他素材和文字

3.3.2　环保出行报纸广告设计

最终效果

设计思路分析：

本实例制作的是一则报纸广告。本广告以环保为主题，将植物拼合成自行车，独特新颖，给人以清新自然之感。

主要使用工具：

图层蒙版、画笔工具、自定形状工具、钢笔工具、直线工具、文字工具、图层混合模式、"内发光"图层样式、"外发光"图层样式、"镜头光晕"滤镜等。

操作步骤：

（1）启动 Photoshop 后，执行"文件"→"新建"命令，弹出"新建"对话框，设置"宽度"为 15cm，"高度"为 10cm，分辨率为 300 像素/英寸，单击"确定"按钮，新建一个空白文件。

（2）单击工具箱中的渐变工具，在工具选项栏中设置颜色从青色（#b6eafd）到白色到绿色（#def9a1）的线性渐变，在画面中从上往下拖出渐变色，如图 3-18 所示。

（3）打开"草地"素材，拖入画面，按［Ctrl＋T］组合键，调整好大小和位置，如图 3-19 所示。

图 3-18　渐变填充

图 3-19　添加草地素材

（4）选中草地图层为当前图层，单击图层面板下面的"添加图层蒙版"按钮，单击工具

图 3 - 20　添加蒙版效果

箱中的画笔工具，设置前景色为黑色，涂抹不需要的部分，效果如图 3 - 20 所示。

（5）接 [Ctrl+J] 组合键复制一层，选择移动工具移动图形，选中蒙版层，设置前景色为白色，单击画笔工具，再次涂抹，显示部分其他草地，如图 3 - 21 所示。

（6）打开"指示牌"素材，放置到合适位置，如图 3 - 22 所示。

图 3 - 21　复制图形

图 3 - 22　添加"指示牌"

（7）新建一个图层，选择工具箱中的钢笔工具，在选项栏中选择"路径"，绘制单车骨架，如图 3 - 23 所示。

（8）单击工具箱中的画笔工具，在工具选项栏中设置画笔大小为 10 像素，硬度为 100%，设置前景色为深绿色（♯3a7200）。打开路径面板，选择工作路径层，单击右键，在弹出的快捷菜单中选择"描边路径"，弹出"描边路径"对话框，在工具下拉列表中选择"画笔"，不勾选"模拟压力"，如图 3 - 24 所示。

图 3 - 23　绘制单车骨架

图 3 - 24　描边路径

（9）双击图层缩览图，弹出"图层样式"对话框，设置参数如图 3 - 25 所示。

图 3 - 25　图层样式

（10）单击"确定"按钮，效果如图 3 - 26 所示。

（11）参照上述操作，绘制车前杠，并添加斜面浮雕效果，如图 3-27 所示。

图 3-26　应用图层样式

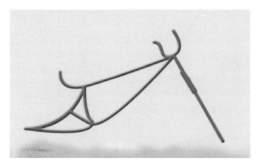

图 3-27　绘制车前杠

（12）给单车骨架添加植物素材。打开"花苞"素材，如图 3-28 所示。

图 3-28　花苞素材

（13）单击工具箱中的磁性套索工具，套索出花苞，拖入当前编辑画面中，按［Ctrl＋T］组合键调整好大小和方向，并复制一个，作为单车手柄，如图 3-29 所示。

（14）参照上述操作，添加"荷叶"素材，将其作为车座，如图 3-30 所示。

图 3-29　花苞手柄

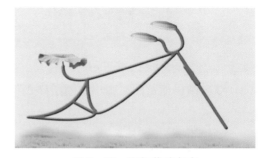

图 3-30　添加荷叶车座

（15）打开"花 1"素材，同样运用磁性套索工具，去底后拖入画面，按［Ctrl＋T］组合键，调整好大小，复制多个，并将花朵排成单车链条状，如图 3-31 所示。

（16）打开"花纹"素材，选择需要的花纹，去底后拖入画面，按［Ctrl＋T］组合键调整好大小和位置，如图 3-32 所示。

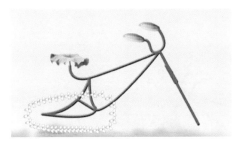

图 3-31　花素材制作链条

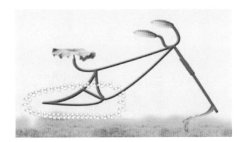

图 3-32　添加花纹

（17）按［Ctrl＋Alt＋T］组合键，进入自由变换状态，将旋转中心点移到与单车杠相交的地方，并旋转适当角度，按 Enter 键，确定变换，按［Shift＋Ctrl＋Alt＋T］组合键，进行重复旋转变换，效果如图 3-33 所示。

（18）参照上述操作，打开"花 2"和"花 3"素材，去底后拖入画面，并进行旋转复制，效果如图 3-34 所示。

图 3-33　复制变换花纹

图 3-34　花复制旋转

（19）按住 Shift 键，选中所有车轮图层，按［Ctrl＋G］组合键编组图层，选中车轮图层组，按［Ctrl＋J］组合键，复制一层，放置到合适位置，并相应地调整，如图 3-35 所示。

（20）打开"藤条"素材，去底后拖入画面，调整好位置和大小，如图 3-36 所示。

图 3-35　复制车轮

图 3-36　添加藤条

（21）打开"花 4"和"花 5"素材，去底后拖入画面，调整好位置，复制车轮上的部分花纹素材，作为轮轴。

（22）在草地图层上面新建一个名为"阴影"的图层，设置前景色为绿色（♯3a7200），单击画笔工具，在车轮下面进行涂抹。

（23）添加"蝴蝶"素材，对图形进行装饰。

（24）单击工具箱中的横排文字工具，输入文字，得到最终效果如图 3-37 所示。

绿色交通 低碳出行

图 3-37 添加其他素材

3.3.3 茶艺报纸广告设计

最终效果

设计思路分析：

在本实例中通过合成具有国画意境的场景和茶具，制作出具有中国风的茶艺报纸广告。使用水墨画结合真实场景合成国画风格的采茶场景，配合古韵的字体，展现了茶叶淡雅之美。

主要使用工具：

移动工具、画笔工具、文字工具、调整图层、图层混合模式。

操作步骤：

（1）执行"文件"→"新建"命令，打开"新建"对话框，分别设置"名称""高度""宽度"，设置完成后单击"确定"按钮，新建一个空白图像文件，如图 3-38 所示。

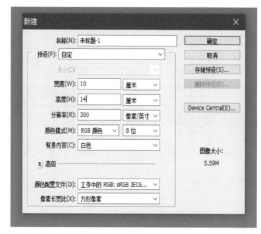

图 3-38 新建图像文件

（2）打开"1.psd"文件并结合自由变换工具调整图像，然后为采茶图像图层添加图层蒙版，隐藏部分图像，如图 3‑39 所示。设置前景色为淡黄色，创建"颜色填充 1"调整图层混合模式为"颜色"，"不透明度"为 70%，并创建剪切蒙版结合图层蒙版隐藏部分图像，如图 3‑40 所示。

图 3‑39　添加和隐藏素材　　　　　　　　图 3‑40　应用颜色调整图层

（3）打开"2.psd"文件，拖动到当前文件中，并使用移动工具调整摆放位置，如图 3‑41 所示。完成后选择文字图层，调整图层混合模式为"正片叠底"，"不透明度"为 25%，并结合图层蒙版隐藏部分图像；选择山水画图层，调整图层混合模式为"正片叠底"，"不透明度"为 40%，如图 3‑42 所示。

图 3‑41　添加素材　　　　　　　　　　图 3‑42　调整不透明度

图 3‑43　添加茶壶素材并应用图层样式

（4）打开"3.psd"文件，拖动到当前文件中并适当调整；选择水墨图像图层，调整图像混合模式为"正片叠底"；选择茶壶图像图层，添加"内阴影""投影"图层样式，让茶壶和茶杯更立体，增加画面表现力，如图 3‑43 所示。

（5）新建图层，单击矩形选框工具，在画面下方创建矩形选框工具并填充淡黄色，然后调整图层"不透明度"为 89%，如图 3‑44 所示。打开"标记章.png"文件，拖动到当前文件中调整其摆放位置，单击横排文字工具，输入文字并填充为黑色和红色，如图 3‑45 所示。至此，完成本实例制作。

图 3-44　在底部绘制矩形　　　　　图 3-45　矩形内添加文字

3.3.4　房产报纸广告设计

设计思路分析：

本实例通过对多种风景照片进行合成，制作一张完整的图像效果，运用图层蒙版与画笔工具，完成图像间的完美衔接，结合"照片滤镜"统一图片整体色调，营造欧式典雅的画面效果。

主要使用工具：

移动工具、画笔工具、文字工具、调整图层、图层蒙版。

最终效果

操作步骤：

（1）执行"文件"→"新建"命令，打开"新建"对话框，分别设置"名称""高度""宽度"，设置完全后单击"确定"按钮，新建一个空白图像文件，如图 3-46 所示。

（2）新建图层并填充颜色为土黄色（R255、G234、B173），并添加"图案叠加"图层样式；然后新建图层，使用黑色画笔绘制出黑色边角，并调整图层混合模式为"叠加"；再打开"1.psd"文件，拖动至当前文件中，并做出适当调整，然后结合蒙版隐藏部分图像，如图 3-47 所示。

图 3-46　新建图像文件　　　　　　图 3-47　打开素材隐藏部分图像

（3）打开"2.psd"文件，拖动到当前文件中，并使用移动工具调整摆放位置；然后分别添加图层蒙版，隐藏部分图像，让场景合成更自然；合并岸上的风景图像，结合自由变换命令翻转图像，再结合图层蒙版隐藏部分图像，并适当调整图层"不透明度"和图层顺序，如图 3-48 所示。

（4）添加房屋素材并调整。新建图层，使用画笔绘制出水面上白光，然后适当调整图层顺

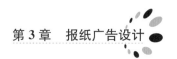

序；完成后新建"照片滤镜 1"调整图层，并结合图层蒙版调整部分图像，如图 3-49 所示。

图 3-48　添加并调整素材

图 3-49　添加房屋素材并调整

（5）添加更多素材。新建图层，结合钢笔工具盒画笔工具制作出地图；然后单击横排文字工具，输入文字并分别填充为橘红色（R255、G90、B0）和黑色；新建图层，使用矩形选框工具绘制出橘红色方框（R255、G901、B0），再单击横排文字工具，输入文字，并分别填充为白色和黑色；再新建图层，使用画笔绘制出橘红色线条作为文字间隔，如图 3-50 所示。至此，完成本实例制作。

图 3-50　添加更多素材

3.3.5　相机报纸广告设计

最终效果

设计思路分析：

相机报纸广告的设计风格各异，一般都是通过对相机参数的详细介绍，并组合画面内容传达出相机的定位信息，使消费者对产品一目了然。本案例中的相机报纸广告整体画面简洁，文字内容丰富。通过对主体物的深入刻画，传递出精致感，搭配较为倾斜的文字，使画面形成一定的动感。

主要使用工具：

图层蒙版、画笔工具、自定形状工具、钢笔工具、直线工具、文字工具、图层混合模式、"内发光"图层样式、"外发光"图层样式、"镜头光晕"滤镜等。

操作步骤：

（1）执行"文件"→"新建"命令，在弹出的对话框中设置各项参数并单击"确定"按钮，新建一个图像文件，如图 3-51 所示。

（2）新建一个"相机"图层组，在其中新建"图层 1"，并为其填充浅灰色（R182、G182、B182），如图 3－52 所示。

图 3－51　新建图像文件　　　　　　图 3－52　填充灰色

（3）新建"图层 2"，设置前景色为白色，单击画笔工具，在属性栏中设置相应参数，在画面中多次涂抹以绘制图像；结合图层蒙版，继续涂抹，隐藏部分图像色调；新建"图层 3"，使用较小的画笔在画面中多次单击，并按［Shift＋J］组合键调整画笔大小，在画面中绘制出白点图像；在"图层 3"下方新建"图层 4"，设置前景色为玫红色（R253、G160、3244）；结合图层蒙版和画笔工具在画面中绘制图像，如图 3－53 所示。

（4）打开配套光盘中的"相机．png"文件，将其拖至当前图像文件中并调整其位置，将图层重命名为"相机"，如图 3－54 所示。

图 3－53　绘制白色和玫红色点　　　　　图 3－54　添加相机

（5）在"相机"图层下方新建"图层 5"，结合图层蒙版和画笔工具在画面中绘制图像，如图 3－55 所示。

（6）使用相同的方法，新建多个图层，并设置不同的前景色，在画面中绘制多个图像，形成相机的投影效果，如图 3－56 所示。

图 3－55　绘制相机投影　　　　　　图 3－56　多次绘制相机投影

（7）单击钢笔工具，在属性栏中设置相应参数，在画面中绘制一个不规则的三角形，结合图层蒙版和画笔工具隐藏部分图像效果，如图 3-57 所示。按［Ctrl+J］组合键复制 7 次"形状 1"图层，调整各形状的大小、颜色和位置；依次选择其蒙版，并使用画笔工具在画面中涂抹，以隐藏部分图像效果，如图 3-58 所示。

图 3-57　绘制三角形

图 3-58　多次复制调整三角形

图 3-59　绘制不规则形状

（8）单击钢笔工具，在属性栏设置相应参数，在画面中绘制一个不规则形状，如图 3-59 所示。

（9）单击自定形状工具，在属性栏中设置相应参数后，在画面中绘制拼贴形状，如图 3-60 所示。然后结合图层蒙版和画笔工具隐藏部分图像，并创建剪贴蒙版；复制"形状 8"图层，调整其位置并创建剪贴蒙版，如图 3-61 所示。

图 3-60　绘制不规则拼贴形状

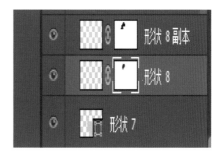

图 3-61　剪贴蒙版

（10）新建"图层 8"，设置前景色为白色，使用画笔工具在蓝色形状上涂抹，绘制出高光效果，如图 3-62 所示。再次新建图层，并设置前景色为浅蓝色（R106、G232、B255），继续在画面中涂抹，绘制出过渡图像效果，如图 3-63 所示。

图 3-62　绘制高光

图 3-63　绘制浅蓝色过渡高光

（11）使用钢笔工具，在画面中绘制一个不规则形状；结合图层蒙版和画笔工具隐藏部分图像色调，然后为该图层添加"外发光"图层样式，如图 3-64 所示。多次复制该图层并分别调整各图像的大小、位置和形状，如图 3-65 所示。

图 3-64　绘制发光不规则形状　　　　　　图 3-65　复制图层

（12）新建多个图层，结合图层蒙版和画笔工具，在画面中绘制镜头的光影图像，并调整各图层的混合模式，如图 3-66 所示。

（13）打开"星光 1.png"文件，将其拖至当前图像文件中，复制该图像并分别调整其位置；结合图层蒙版和画笔工具，隐藏部分图像色调后，为星光图像添加"外发光"图层样式，如图 3-67 所示。

图 3-66　绘制镜头光影　　　　　　图 3-67　添加星光素材

（14）新建"图层 14"并为其填充黑色；执行"滤镜"→"渲染"→"镜头光晕"命令，在弹出的对话框中设置参数，如图 3-68 所示。

（15）单击"确定"按钮，按［Ctrl＋T］组合键，对其进行自由变换调整，按 Enter 键确定。结合图层蒙版和画笔工具，隐藏部分图像色调，设置其图层混合模式为"滤色"，形成相机的光晕效果，如图 3-69 所示。

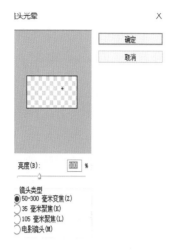

图 3-68　镜头光晕　　　　　　　　　图 3-69　图层滤色混合模式

（16）打开"星光 2.png"文件，将其拖至当前图像文件中，复制该图像并结合图层蒙版和画笔工具，隐藏部分图像色调，如图 3-70 所示。

（17）依次打开"镜头 .png"和"标志 .png"文件，分别将其拖至当前图像文件中，并调整各图像的位置，如图 3-71 所示。

图 3-70　添加素材　　　　　　　　　图 3-71　添加并调整素材

（18）单击横排文字工具，在"字符"面板中设置文字相关参数，在画面左侧输入文字并调整其方向；复制该文字图层并设置"填充"为 0%；为其添加"外发光"和"内发光"图层样式，以增强文字的光影效果，如图 3-72 所示。

（19）再次复制两次文字图层，分别双击图层，在弹出的对话框中设置图层样式参数，如图 3-73 所示。

图 3-72　添加文字　　　　　　　　　图 3-73　复制文字图层

（20）使用横排文字工具，在画面右侧输入文字并调整其方向；复制该文字图层并调整其位置，为其添加"外发光"图层样式；使用钢笔工具，在画面中绘制一个不规则形状，设置其"不透明度"为 30%，并创建剪贴蒙版；复制该形状并调整其位置，如图 3 - 74 所示。

（21）使用钢笔工具，在左侧文字下方绘制一个不规则形状；新建多个图层，使用画笔工具并替换不同的前景色，在画面中多次绘制图像并创建剪贴蒙版，如图 3 - 75 所示。

图 3 - 74　添加文字　　　　　　　　图 3 - 75　钢笔绘制不规则形状

（22）按住 Ctrl 键选择所绘制的图像，按［Ctrl＋Alt＋Shift＋E］组合键盖印图层，得到"图层 19（合并）"。复制该图层，分别调整图像大小和位置，如图 3 - 76 所示。

（23）单击横排文字工具，在"字符"面板中设置文字相关参数，在画面中输入辅助文字，并相应调整各文字的大小、位置和对齐方式等，使画面形成对比和节奏感，如图 3 - 77 所示。

图 3 - 76　复制并调整绘制图像　　　　　　图 3 - 77　添加文字

（24）单击直线工具，在属性栏中设置相应参数，按住 Shift 键的同时在画面中拖动绘制一条直线；按［Ctrl＋J］组合键复制 19 次该形状图层，并分别调整各形状的位置和长短，以丰富画面效果，如图 3 - 78 所示。至此，本实例制作完成。

图 3 - 78　效果图

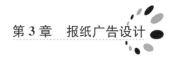

3.4　课后练习

1. 本习题设计的是化妆品报纸广告。这里以产品为主体，搭配高雅的紫色，突出产品的质感。

主要使用工具：图层蒙版、钢笔工具、文字工具、图层混合模式、画笔工具。

化妆品报纸广告效果

2. 本习题设计的是一个养生休闲会所报纸广告，画面中需要表达的文字较多，所以在文字的排版上需谨慎。

主要使用工具：钢笔工具、形状工具、文字工具。

养生休闲会所报纸广告效果

第 4 章　杂志广告设计

杂志是信息传递的一个重要载体，其种类繁多。根据杂志的读者群定位来进行广告设计，可以有效引导读者阅读，达到信息传递的目的。

4.1　杂志广告的分类

杂志广告分为常规广告和赠品广告。常规广告根据杂志广告版面的位置和大小，分为封面、封底、内页整版、内页半版等。赠品广告是利用包装手段，在杂志内夹带产品的试用装，送给订户。

4.2　杂志广告的设计理念

同报纸广告一样，杂志广告的制作要求能够充分地利用杂志媒介的优势，因此，在广告创作方面也相应地有一定的技巧：

（1）使用占优势的广告因素。如尽量制作整版广告，在必要时不妨制作跨页广告。另外，杂志中最引人注意的地方是封底，其次是封二、封三，再次是中心插页，其他页码的引人注意程度，随着页码向中间的过渡，其注目程度逐渐降低。但是，若在中心插页做跨页广告，则是相当引人注目。因此，要讲求科学利用版面版位，设计形式多样化。

（2）运用精美的设计。由于杂志具有印刷精美、编排细致整齐的特点，因此，必须切实注意广告构图、设计的精细。图文并茂、色彩鲜明逼真的商品形象容易引人注目，激发购买兴趣。

（3）运用专业化的设计。由于杂志具有专业性或阶层性的读者群，具有相对稳定的知识结构和欣赏习惯，因此，应用专业化的设计可以使之产生亲切感，使人更容易接受，并产生深刻印象。

（4）使用突出而醒目的广告主题，使广告具有鲜明的针对性和非凡的吸引力。

（5）应用艺术化的形象语言。杂志同报纸广告一样，具有可保存性和可重复阅读的特点，并具有充足的版面，可对广告产品进行详细的说明，因此，可以照顾到广告信息内容的完备性。同时，广告的文字必须浅显易懂，用艺术化的语言形象地宣传广告产品的优点，以吸引买主。应尽量避免用晦涩难懂或枯燥无味的语言，避免消费者不理解广告内容的现象发生。

（6）运用对比。在杂志上运用对比比在报纸上要方便得多，因为杂志的印刷质量都十分精美，不管是印刷彩色图片还是黑白图片，都能保证广告构图的精细和质感。现代杂志又多

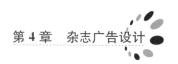

以彩色印刷为主，因此，在广告创作中，运用色彩的对比、构图的对比、大小的对比、在黑白中套彩色或在彩色中运用黑白对比，都可达到突出广告的效果。

4.3　优秀案例

4.3.1　葡萄酒杂志广告设计

最终效果

设计思路分析：

本实例制作的是一款外国葡萄酒广告，此广告色调统一，将图片处理成带有金色的葡萄红，使画面更显高贵典雅，将葡萄酒与原生态产地完美结合，进一步衬托了酒的纯正。

主要使用工具：

图层蒙版、画笔工具、文字工具、图层混合模式、"色彩范围"命令、"颜色填充"调整图层、"可选颜色"调整图层等。

操作步骤：

（1）启动 Photoshop 后，执行"文件"→"新建"命令，弹出"新建"对话框，设置"宽度"为 3 543 像素，"高度"为 3 898 像素，分辨率为 100 像素/英寸，单击"确定"按钮，新建一个空白文件。按［Ctrl＋O］组合键，打开"背景"素材，单击移动的工具，将素材拖入当前的编辑文件，按［Ctrl＋T］组合键，调整大小和位置，效果如图 4-1 所示。

（2）打开"天空"素材，拖入画面，调整好大小和位置，单击图层面板下面的"添加图层蒙版"，单击画笔工具，在选项栏中设置适当的不透明度值，设置前景色，按【或 J 键，调整画笔大小，涂抹天空边缘，使其与周围天空融合，如图 4-2 所示。

图 4-1　打开并调整素材

图 4-2　融合天空素材

（3）打开"田园"和"绿地"素材，拖入画面，覆盖山前的平地，如图 4-3 所示。

（4）打开"田园 2"素材，拖入画面，放置到图形左上角处。单击图层面板下面的"添加图层蒙版"按钮，单击画笔工具，在选项栏中设置适当的不透明度值，设置前景色为黑色，按【或】键，调整画笔大小，涂抹图形左边，效果如图 4-4 所示。

图 4-3　拖入绿地、田园素材　　　　图 4-4　添加调整田园 2 素材

（5）打开"葡萄 1"素材，放置到合适位置，按［Ctrl＋Shift＋Alt＋E］组合键盖印图层；单击图层面板下面的"创建新的填充或调整图层"按钮，选择"照片滤镜"，在属性面板中设置参数，其中颜色值为红色（♯ff0000），如图 4-5 所示，效果如图 4-6 所示。

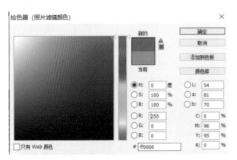

图 4-5　拾色器　　　　　　　　　图 4-6　应用照片滤镜

（6）添加素材。打开"葡萄茎"素材，拖入画面，放置到合适位置，如图 4-7 所示。

（7）按［Ctrl＋Shift＋N］组合键，新建一个图层，单击画笔工具，设置前景色为黑色（♯000000），在图像周边涂抹，压暗周边环境，设置图层混合模式为"正片叠底"，添加图层蒙版，使用画笔对图形中间过暗的部分进行部分隐藏，如图 4-8 所示。

图 4-7　添加素材　　　　　　　　图 4-8　压暗周边色调

（8）打开"房屋"素材，拖入画面，为图层添加蒙版，单击画笔工具，涂抹房屋下面，使其与地面融合，如图 4-9 所示。

（9）打开"酒瓶"素材，拖入画面，按［Ctrl＋T］组合键，调整大小和位置，如图 4-10 所示。

图 4-9　融入房屋素材

图 4-10　添加酒瓶

（10）打开"红衣人"素材和"葡萄叶"素材，单击磁性套索工具，去底后，拖入画面；按［Ctrl＋【】组合键，往下调整图层顺序，将葡萄叶放置到酒瓶图层下面，如图 4-11、图 4-12 所示。

图 4-11　添加红衣人

图 4-12　添加葡萄叶

（11）打开"藤条"素材，单击移动工具，将藤条素材拖入当前编辑窗口，单击磁性套索工具，套出需要保留的部分藤条；单击"添加图层蒙版"按钮，隐藏不需要的部分，如图 4-13 所示。

（12）按住 Ctrl 键，单击藤条图层缩览图，载入选区，新建一个图层，调整到藤条图层下面。单击画笔工具，设置前景色为（♯4a2d16）在选区内涂抹阴影，按［Ctrl＋D］组合键，取消选区，设置图层混合模式为"正片叠底"。按［Ctrl＋T］组合键，压暗图形，给藤条添加投射在酒瓶上的阴影，如图 4-14 所示。

图 4-13 添加编辑藤条

图 4-14 在酒瓶上添加藤条阴影

（13）参照上述方法，添加其他葡萄和葡萄叶并添加相应的阴影效果，如图 4-15 所示。

（14）打开"人物"素材，拖入画面，调整位置和大小，如图 4-16 所示。

图 4-15 添加葡萄和葡萄叶阴影

图 4-16 添加人物

（15）创建"照片滤镜"调整图层，在属性面板中设置参数，颜色值为（#ec8a00），如图 4-17 所示。

（16）创建"色彩平衡"调整图层，设置参数如图 4-18 所示。

（17）新建一个图层，单击矩形选框工具，在图形下边绘制一个矩形选框，单击渐变工具，在工具选项栏中单击渐变条，设置填充色为从红色（#9d1f24）到（#7e2322）46%到暗红色（#240b09），按"径向渐变"按钮，从内往外拖出径向渐变；打开人物和花纹图片，拖入画面，调整到矩形上边，按［Ctrl＋Alt＋G］组合键，创建剪贴蒙版，如图 4-19 所示。

（18）打开其他标志和酒瓶素材，拖入画面调整位置和大小，如图 4-20 所示。

图 4 - 17　照片滤镜

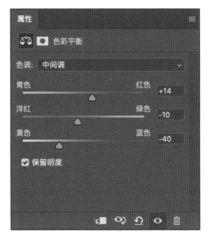

图 4 - 18　色彩平衡

图 4 - 19　创建矩形

图 4 - 20　添加其他素材

（19）单击横排文字工具，设置字体为"汉仪长美黑简"，填充色为白色，输入文字，双击图层缩览图，弹出"图层样式"对话框，选择"外发光"，设置参数（其中颜色值为棕色（♯4a1304））。

（20）单击"确定"按钮，按［Ctrl＋T］组合键，调整文字高度。单击横排文字工具，在文字上单击，按［Ctrl＋A］组合键，全选文字，按［Alt＋←］键，调整字符间距。

（21）参照上述操作，输入其他文字，最终效果如图 4 - 21 所示。

4.3.2　珠宝杂志广告设计

图 4 - 21　输入文字

设计思路分析：

本实例中通过多张风景照片进行合成，制作一张完整的以珠宝为主题的杂志广告效果

最终效果

图。通过图层蒙版与画笔工具之间的完美结合，营造出海岸落日笼罩下的珍珠光芒四射的画面效果。

主要使用工具：

移动工具、画笔工具、文字工具、调整图层、图层蒙版。

操作步骤：

（1）新建图像文件。执行"文件"→"新建"命令打开新建对话框，分别设置"名称""高度""宽度"，设置完成后单击"确定"按钮，新建一个空白图像文件，如图 4 - 22 所示。

（2）打开"日落.jpg"与"海岸.jpg"文件，分别移动至当前文件中并结合自由变换命令调整图像；为"海面"图层添加并编辑图层蒙版，结合画笔工具隐藏部分图像，如图 4 - 23 所示。

图 4 - 22　新建图像文件

图 4 - 23　添加并编辑素材

（3）添加"建筑.jpg"文件到当前图像文件并调整大小和位置，为其添加并编辑图层蒙版，结合画笔工具隐藏部分图像，如图 4 - 24 所示。复制"建筑"图层，设置"不透明度"为 70%，编辑图层蒙版，调整图层上下关系，为图像添加"照片滤镜"调整图层，统一图像色调，如图 4 - 25 所示。

图 4 - 24　添加并调整建筑素材

图 4 - 25　复制建筑图层

（4）添加"石头 .jpg""光线 .jpg""珍珠 .jpg"文件到当前图像文件中并调整大小和前后位置，为光线和珍珠图层添加并编辑图层蒙版，结合钢笔工具隐藏部分图像；新建"图层 1"，结合画笔工具为珍珠图层添加"亮度/对比度"调整图层，以调整"珍珠"图像的亮度，如图 4－26 所示。

（5）添加"深色 .png"文件到当前图像文件中，调整大小和位置，添加文件图层；新建"图层 2"，结合矩形选框工具创建矩形选区并填充"径向渐变"，从左到右依次为浅黄色、黄色、橘红色，添加"图片滤镜"和"色阶"调整图层，统一画面色调，如图 4－27 所示。至此，完成本实例制作。

图 4－26　添加更多素材

图 4－27　添加文字

4.3.3　时尚杂志封面设计

最终效果

设计思路：

时尚杂志封面的设计风格应根据杂志的内容、定位以及消费群体等的不同而有所区别。根据杂志内容组合画面中的构成元素，在色调上要体现出杂志的定位，以使其富有感染力。本案例中的时尚杂志封面设计主要针对年轻男性，通过人物动感的肢体、炫彩的画面效果，体现出该杂志热情、活力的特点。

主要使用工具：

图层蒙版、画笔工具、矩形选框工具、钢笔工具、橡皮擦工具、文字工具、图层混合模式、"曲线"调整图层、"亮度/对比度"调整图层、"描边"图层样式、"外发光"图层样式等。

操作步骤：

（1）执行"文件"→"新建"命令，在弹出的对话框中设置各项参数并单击"确定"按钮，新建一个图像文件，如图 4－28 所示。

（2）新建一个"背景"图层组，在其中新建"图层 1"；单击渐变工具，打开"渐变编辑器"对话框，设置渐变颜色，为该图层填充"径向渐变"；再次新建图层，使用矩形选框工具创建一个矩形选区，并使用相同的方法为其填充"线性渐变"；单击"添加图层蒙版"按钮以添加图层蒙版，使用画笔工具在图像中涂抹以隐藏部分图像色调，然后设置其图层混合模式为"叠加"，如图 4-29 所示。

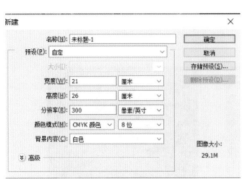

图 4-28 新建图像文件　　　　　图 4-29 渐变背景

（3）新建"图层 3"，设置前景色为黑色，单击画笔工具，并在属性栏中设置相应参数，在画面四周多次涂抹以绘制图像；使用相同的方法，新建"图层 4"并绘制图像；设置该图层的混合模式为"叠加"，"不透明度"为 50％，以调整图像间的色调融合效果，如图 4-30 所示。

（4）打开"网格.png"文件，将其拖至当前图像文件中并调整其位置；结合图层蒙版和画笔工具隐藏部分图像色调，并设置图层合模式为"叠加"，"填充"为 65％，如图 4-31 所示。

图 4-30 色调融合　　　　　图 4-31 添加并编辑网格

（5）打开"建筑.png"和"线条.png"文件，分别拖至当前图像文件中并调整其位置，设置图层混合模式分别为"叠加"和"柔光"，如图 4-32 所示。

（6）打开"光线.psd"文件，在其中选择"光线 1"图层，将其拖至当前图像文件中并调整其位置，设置其混合模式为"柔光"；依次打开"光芒.png"和"星光.png"文件，将其拖至当前图像文件中，分别调整其位置并重命名图层，然后设置其混合模式分别为"叠加"和"明度"，如图 4 - 33 所示。

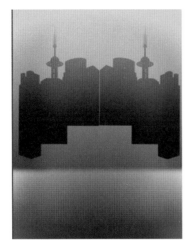

图 4 - 32　添加素材　　　　　图 4 - 33　添加调整其他素材

（7）打开"光束 . png"文件，将其拖至当前图像文件中，调整其位置并将图层重命名，然后设置其混合模式为"叠加"；单击"添加图层蒙版"按钮以添加图层蒙版，使用画笔工具在图像中涂抹以隐藏部分图像色调；按［Ctrl＋J］组合键复制 3 次光束图像，依次选择图层及其蒙版，使用画笔工具在画面中涂抹，隐藏或恢复局部色调，为画面增添光影效果，如图 4 - 34 所示。

（8）新建"图层 8"，设置前景色为粉橘色（R254、G130、B57），使用画笔工具在画面中涂抹以绘制图像，设置其图层混合模式为"柔光"；使用相同的方法，再次新建图层，在画面中绘制黑色图像，并调整其混合模式，如图 4 - 35 所示。

图 4 - 34　添加光束　　　　　图 4 - 35　添加粉橘色柔光

（9）单击"创建新的填充或调整图层"按钮，在弹出的快捷菜单中选择"曲线"命令，在"属性"面板中设置相应参数后创建剪贴蒙版；使用相同的方法创建"亮度/对比度"调整图层，以增强画面的色调对比度，如图 4 - 36 所示。

（10）新建一个"人物"图层组，打开"人物.jpg"文件，将其拖至当前图像文件中并调整其位置；结合图层蒙版、钢笔工具和画笔工具抠取人物图像，如图4-37所示。

图4-36　调整对比度　　　　　　图4-37　添加人物

（11）复制人物图像并调整图层上下关系；执行"图像"→"调整"→"去色"命令将其去色；选择其蒙版并使用画笔工具在画面中涂抹，恢复局部色调，设置其混合模式为"正片叠底"，如图4-38所示。

（12）再次复制人物图像，并设置该图层混合模式为"叠加"，以增强人物色调饱和度，如图4-39所示。

图4-38　复制设置人物　　　　　　图4-39　再次复制调整人物

（13）在人物图像图层下方新建多个图层，结合画笔工具和橡皮擦工具多次绘制图像；依次调整各图层的混合模式，形成人物的投影效果，如图4-40所示。

（14）打开"光线.psd"文件，按住Ctrl键选择"光线2"至"光线7"图层，将其拖至当前图像文件中，多次复制部分图层并调整其位置；结合图层蒙版和画笔工具隐藏部分图像色调，依次调整各图层的混合模式属性；添加"吉他.png"文件到当前图像文件中，并为其添加"描边"和"外发光"图层样式，如图4-41所示。至此，本实例制作完成。

图 4 - 40　制作人物投影

图 4 - 41　添加其他素材

4.3.4　运动品牌杂志广告设计

最终效果

图 4 - 42　新建图像文件

设计思路分析：

运动品牌杂志广告的设计风格一般要体现出品牌固有的特征和定位。通过运动的人物与其他动感元素组合画面，突出产品特点，从而渲染出独有的画面效果。本实例中的运动品牌杂志广告通过舞动的人物，体现出动感和活力，背景图像的光影质感朦胧而强烈，与人物形成很好的对比和呼应。

主要使用工具：

图层蒙版、画笔工具、文字工具、图层混合模式、"色彩范围"命令、"颜色填充"调整图层、"可选颜色"调整图层等。

操作步骤：

（1）执行"文件"→"新建"命令，在弹出的对话框中设置各项参数并单击"确定"按钮，新建一个图像文件，如图 4 - 42 所示。

（2）新建一个"背景"图层组，在其中新建"图层 1"，设置前景色为湛蓝色（R0、G132、B217）；单击画笔工具，在属性栏中设置相应参数，在画面中多次涂抹

以绘制图像，然后结合图层蒙版隐藏部分图像色调；使用相同的方法，新建多个图层，并多次绘制图像，如图 4 - 43 所示。设置"图层 3"的混合模式为"柔光"，如图 4 - 44 所示。

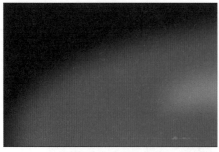

图 4-43　背景绘制

图 4-44　柔光模式

（3）打开"风景.jpg"文件，将其拖至当前图像文件中并调整其位置；单击"添加图层蒙版"按钮，使用画笔工具在图像中涂抹以隐藏部分图像色调；复制 2 次该图层并分别调整各图层蒙版效果，如图 4-45 所示。

（4）打开"光线.jpg"文件，将其拖至当前图像文件中并调整其位置，如图 4-46 所示。设置该图层的混合模式为"滤色"，使其与下层图像色调相融合，如图 4-47 所示。

图 4-45　添加并调整素材

图 4-46　添加光线

图 4-47　滤色图层模式

（5）创建"颜色填充"调整图层，并设置颜色为黑色；选择其蒙版，使用较大的画笔在画面中涂抹以恢复局部色调，如图 4-48 所示。

（6）新建一个"人物"图层组，打开"女性.jpg"文件，将其拖至当前图像文件中并调整其位置；结合"色彩范围"命令、画笔工具和图层蒙版抠取人物图像，如图 4-49 所示。

图 4-48　调整局部色调

图 4-49　添加女性素材

（7）创建"可选颜色"调整图层，在"属性"面板中设置相应参数并创建剪贴蒙版；选择其蒙版并使用画笔工具在画面中涂抹，以恢复部分图像色调，如图 4 - 50 所示。

（8）按住 Ctrl 键选择"图层 7"及其调整图层，按［Ctrl＋Alt＋Shift＋E］组合键盖印图层，得到"可选颜色 1（合并）"图层；复制 3 次该图层并调整其位置，依次选择其蒙版并使用画笔工具在画面中涂抹，隐藏局部色调，如图 4 - 51 所示。

图 4 - 50 调整色调

图 4 - 51 复制图层调整色调

（9）为复制的图层添加"可选颜色"调整图层，设置相应参数并创建剪贴蒙版。

（10）按［Ctrl＋Alt＋Shift＋E］组合键，盖印"人物"图层组，得到"人物（合并）"图层。按［Ctrl＋T］组合键应用垂直变换命令，按 Enter 键完成；为其添加图层蒙版，使用画笔工具在画面中涂抹以隐藏部分图像色调，如图 4 - 52 所示。打开"标志．png"文件，将其拖至当前图像文件中并调整其位置；单击横排文字工具，在"字符"面板中设置相应参数，在画面中输入文字并调整文字的大小、位置和颜色，如图 4 - 53 所示。至此，本实例制作完成。

图 4 - 52 复制调整人物图层

图 4 - 53 添加标志和文字

4.3.5 手机杂志广告设计

最终效果

设计思路分析：

手机杂志广告的设计风格应根据手机的内容而定。可以结合人物也可以只用手机这一构成元素来进行设计和处理，通过组合画面内容传达出手机的特征以使其富有感染力。本实例中的手机杂志广告通过渲染光怪陆离的背景画面，将手机置于其中，给消费者以五彩缤纷的视觉感受，而简洁的文字使人印象深刻。

主要使用工具：

图层蒙版、画笔工具、自定形状工具、矩形工具、椭圆工具、直接选择工具、文字工具、图层混合模式、"色阶"调整图层、"投影"图层样式、"外发光"图层样式等。

操作步骤：

（1）执行"文件"→"新建"命令，在弹出的对话框中设置各项参数并单击"确定"按钮，新建一个图像文件，如图 4-54 所示。

（2）新建"图层 1"，为其填充深灰蓝色（R19、G40、B57）。单击"添加图层蒙版"按钮，使用画笔工具在图像中涂抹以隐藏部分图像色调；新建"组 1"，单击自定形状工具，在属性栏中设置相应参数，按住 Shift 键的同时在画面中拖动绘制一个拼贴形状，然后多次复制该形状并分别调整其位置，如图 4-55 所示。

图 4-54　新建图像文件

图 4-55　制作拼贴背景

（3）再次复制形状图层并调整图像颜色、位置和图层的上下关系；设置"组 1"的"不透明度"为 40%；单击"添加图层蒙版"按钮，使用画笔工具在画面中涂抹以隐藏部分图像色调，如图 4-56 所示。

（4）新建多个图层，设置不同的前景色，结合图层蒙版和画笔工具在画面中多次涂抹以绘制图像；相应调整各图层的混合模式，以形成光影效果，如图 4-57 所示。

图 4-56　复制调整形状图层

图 4-57　制作光影效果

（5）新建"组 2"，单击椭圆工具在属性栏中设置相应参数，按住 Shift 键的同时在画面中拖动绘制一个正圆形状，如图 4-58 所示。

（6）按［Ctrl+J］组合键复制 5 次"椭圆 1"图层，分别调整各形状的颜色和图层上下关系，并相应调整图层混合模式；结合图层蒙版和画笔工具，分别隐藏部分球体的色调对比度，如图 4-59 所示。创建"色阶"调整图层，并设置相应参数，以增强

图 4-58　绘制正圆

球体的色调对比度，如图 4－60 所示。

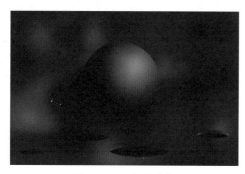

图 4－59　生成球体

图 4－60　色阶调整对比度

（7）按住 Ctrl 键的同时选择"椭圆 1"图层至"色阶"调整图层，按［Ctrl＋Alt＋Shift＋E］组合键盖印图层，得到"色阶 1（合并）"图层；多次复制该图层并调整各图像的大小和位置，结合图层蒙版和画笔工具隐藏部分图像色调，如图 4－61 所示。

（8）为部分球体图像添加"投影"图层样式；新建"图层 2"，使用半透明的画笔为部分球体绘制阴影效果，并调整图层混合模式。

（9）单击矩形工具，在属性栏中设置相应参数，在画面中拖动绘制一个矩形，如图 4－62 所示。

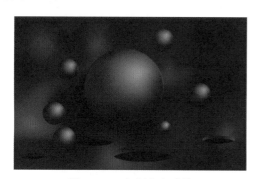

图 4－61　复制多个球体

图 4－62　绘制矩形

（10）多次复制"矩形 1"图层，并分别调整其位置，使用直接选择工具调整矩形外形；为"矩形 1 副本 3"图层添加图层蒙版，并使用画笔工具隐藏部分图像色调；为"矩形 1"

图 4－63　制作朦胧效果

和"矩形 1 副本 2"图层添加"外发光"图层样式，以形成朦胧的效果，如图 4－63 所示。

（11）新建"组 3"，单击矩形工具，在属性栏中设置相应参数，在画面中拖动绘制多个不同颜色的矩形；多次复制所绘制的矩形并分别调整其大小、颜色和位置，如图 4－64 所示。结合图层蒙版和画笔工具隐藏部分图像色调，形成立方体；使用相同的方法，绘制出蓝色立方体，如图4－65 所示。

图 4 - 64　绘制其他矩形

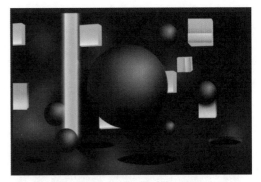

图 4 - 65　绘制蓝色立方体

（12）新建"组4"，继续使用矩形工具绘制多个形状；结合图层蒙版和画笔工具隐藏部分图像色调；为部分形状添加"外发光"图层样式，如图4-66所示。

（13）新建"组5"，使用相同的方法，在画面左侧依次绘制出不规则的红色、蓝色和绿色长方体，如图4-67所示。

图 4 - 66　绘制更多矩形

图 4 - 67　绘制红蓝绿长方体

（14）新建"组6"，继续使用矩形工具绘制多个形状，多次复制部分形状图层并结合图层蒙版和画笔工具调整图像效果；调整部分形状图层的不透明度，使红色立方体显示出来，形成通透的图像效果，如图4-68所示。

（15）新建"组7"，使用相同的方法在画面中绘制出多种颜色的线条形状，并使用椭圆工具在线条的交界处绘制多个正圆形状，为这些形状图层依次添加"外发光"图层样式。

（16）新建"组8"，使用椭圆工具绘制多个

图 4 - 68　调整不透明度

正圆形状，多次复制各图层并分别调整其颜色、大小和位置；结合图层蒙版和画笔工具调整效果，如图4-69所示。

（17）打开"手机.png"文件，将其拖至当前图像文件中并调整其位置；单击横排文字工具，在"字符"面板中设置文字相关参数，在画面中输入相应文字；将主题文字变形并添加"外发光"图层样式，以增强文字的光影效果，如图4-70所示。至此，本实例制作完成。

图 4 - 69　绘制线条和圆　　　　　　　图 4 - 70　添加素材和文字

4.4　课后练习

1. 本习题设计的是柠檬味饮料杂志广告。这里采用绿色为主色调，搭配黄绿色，整个画面给人清爽、沁人心脾的感觉。

主要使用工具：钢笔工具、图层样式、图层混合模式、图层蒙版等。

2. 本习题利用火焰素材图像并适当调整图层混合模式，制作火焰效果，运用钢笔工具和画笔工具制作发光线。在此基础上还应用各种调整图层，制作更加丰富的效果。画面中以暗夜为背景，表现了无限的潜力。

柠檬味饮料杂志广告效果

特效技法要点：

(1) 运用"排除"图层混合模式与图层蒙版融合图像背景。

(2) 添加素材图像，结合"照片"滤镜、图层混合模式来调整图像色调。

(3) 运用"自由变换"命令和图层蒙版制作火焰效果，适当调整图层混合属性。

(4) 使用画笔工具与"动感模糊"滤镜及"自由变换"命令，制作发光线效果。

篮球鞋杂志广告效果

第5章 插画设计

　　插画是指广告中除文字以外的漫画、图表、抽象造型等。作为现代广告设计中的重要视觉要素，插画对树立企业和产品的品牌和形象起着重要作用，是一种重于文字的表现方式。插画作为现代设计的一种重要的视觉传达形式，以其直观的形象性、真实的生活感和美的感染力，在现代设计中占有特定的地位，已广泛用于现代设计的多个领域，涉及文化活动、社会公共事业、商业活动、影视文化等方面。

5.1　插画的分类

　　按市场的定位可分为：矢量时尚、卡通低幼、写实唯美、韩漫插图、概念设定等。
　　根据制作方法可分为：手绘、矢量、商业、新锐（2D平面、UI设计、3D）、像素等。
　　按绘画风格可分为：日式卡通、欧美风、言情小说封面等。
　　另外，还有手工制作的折纸、布纹等各种风格。

5.2　插画的设计理念

　　在平面设计领域，我们接触最多的是文学插图与商业插画。文学插图——再现文章情节、体现文学精神的可视艺术形式。商业插画——为企业或产品传递商品信息，集艺术与商业为一体的一种图像表现形式。
　　插画是世界通用的语言，其设计在商业应用上通常分为人物形象、动物形象和商品形象。
　　人物形象：插图以人物为题材，容易与消费者相投合，因为人物形象最能表现出可爱感与亲切感，并且创造空间非常大。人物形象塑造的比例是重点，生活中成年人的头身比为1∶7或1∶7.5；儿童的比例为1∶4左右；而卡通人常以1∶2或1∶1的大头形态出现，这样的比例可以充分利用头部面积来再现形象神态。
　　动物形象：在创作动物形象时，必须重视创造性，注重形象的拟人化手法。比如，动物与人类的差别之一，就是动物表情上不显露笑容。但是卡通形象可以通过拟人化手法赋予动物具有如人类一样的笑容，使动物形象具有人情味。运用人们生活中所熟知的、喜爱的动物更容易被人们接受。
　　商品形象：这是拟人化在商品领域中的扩展，经过拟人化的商品能给人以亲切感，加深人们对商品的直接印象。以商品拟人化的构思来说，大致分为两类：
　　第一类为完全拟人化，即夸张商品，运用商品本身特征和造型结构进行拟人化的表现。
　　第二类为半拟人化，即在商品上另加上与商品无关的手、足、头等作为拟人化的特征元素。

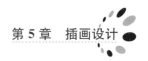

以上两种拟人化塑造手法，使商品富有人情味和个性化。通过动画形式，强调商品特征，其动作、言语与商品直接联系起来，宣传效果较为明显。

5.3 优秀案例

5.3.1 月饼包装盒上的插画设计

最终效果

设计思路分析：

本实例设计一款有中秋特色的月饼包装盒插画，要求主体背景为黑夜的深蓝色，并加上中秋节的一些主角：圆圆的月亮、小白兔、桂花等场景素材。

主要使用工具：

椭圆工具、钢笔工具、转换点工具、直接选择工具、路径选择工具、画笔工具、图层样式、自由变换。

操作步骤：

（1）执行"文件"→"新建"命令，在弹出的"新建文档"对话框中设置"宽度"为1 000像素、"高度"为1 000像素，"分辨率"为300 像素/英寸，单击"确定"按钮，新建一个白色图像文件。

（2）新建图层，用"椭圆选框工具"在画布中创建最大的正圆，设置颜色填充为（R23、G29、B63），如图5-1所示。

（3）继续使用"椭圆选框工具"在右上角创建正圆形月亮，设置颜色填充为（R255、G255、B73）。此时月亮图层在蓝色背景圆形的图层上方，点击图层面板右上角的黑色小三角，再点击创建剪切蒙版，使月亮置于蓝色圆形背景中。

（4）用"椭圆选框工具"创建3个椭圆形并如图5-2所示摆放位置，设置3个圆形的填充为（R245、G207、B58）。

图 5-1 创建圆形

图 5-2 绘制圆形

（5）双击月亮所在的图层，在弹出的"图层样式"对话框中勾选"外发光"，设置发光的填充颜色为（R255、G204、B0），如图5-3所示。

（6）继续使用"椭圆选框工具"在蓝色背景圆形左下角创建正圆，设置圆形的填充为（R169、G205、B239）。

（7）把图层放在月亮图层的上一层，同月亮一样继续创建剪切蒙版到蓝色背景上，如图 5-4 所示。

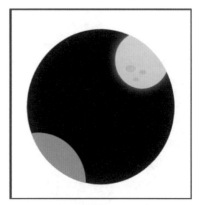

图 5-3　应用外发光图层样式　　　　图 5-4　绘制蓝色图形

（8）使用"钢笔工具"，在"路径"面板中单击"创建新路径"按钮，在画布中绘制如图 5-5 所示的形状，使用转换点工具调整路径的形状。

（9）在工具箱中单击前景色，在弹出的"拾色器（前景色）"对话框中设置颜色为（R114、G168、B202）。

（10）确定当前路径为选择对象，按［Ctrl＋Enter］组合键将路径载入选区，在"图层"面板中单击"创建新图层"按钮，新建图层。

（11）按［Alt＋Delete］组合键，填充选区为前景色，按［Ctrl＋D］组合键取消选区的选择；同月亮一样继续创建剪切蒙版到蓝色背景上。

（12）使用"钢笔工具"，在"路径"面板中单击"创建新路径"按钮，在画布中绘制如图 5-6 所示的形状，使用"转换点工具"调整路径的形状，使用"直接选择工具"调整点的位置，直至路径得到满意的效果。

图 5-5　绘制蓝色不规则形状　　　　图 5-6　绘制其他路径并填充

（13）在工具箱中单击前景色，在弹出的"拾色器（前景色）"对话框中设置颜色为（R218、G110、B100）。

（14）确定当前路径为选择对象，按［Ctrl＋Enter］组合键将路径载入选区，在"图层"面板中单击"创建新图层"按钮，新建图层。

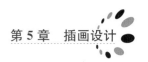

（15）按［Alt＋Delete］组合键，填充选区为前景色；按［Ctrl＋D］组合键取消选区的选择；继续同月亮一样创建剪切蒙版到蓝色圆形背景中。

（16）继续使用"钢笔工具"在"路径"面板中单击"创建新路径"按钮，绘制左下角左边不规则形状，使用"转换点工具"调整路径的形状，使用"直接选择工具"调整点的位置，直至路径得到满意的效果。

（17）在工具箱中单击前景色，在弹出的"拾色器（前景色）"对话框中设置颜色为（R234、G179、B122）。

（18）确定当前路径为选择对象，按［Ctrl＋Enter］组合键将路径载入选区，在"图层"面板中单击"创建新图层"按钮，新建图层。

（19）按［Alt＋Delete］组合键，填充选区为前景色；按［Ctrl＋D］组合键取消选区的选择；继续同月亮一样创建剪切蒙版到蓝色圆形背景中。

（20）调整左下角绘制的各图形所在图层的上下顺序，使其和成品样式保持一致。

（21）用画笔硬度 100％，调整不同的直径绘制不同的纹理在左下角半圆中，如图 5 - 7 所示。

（22）下面将绘制亭子的形状样式，如图 5 - 8 所示。

图 5 - 7　绘制白色纹理　　　　　　　图 5 - 8　绘制凉亭

（23）使用"钢笔工具"，在"路径"面板中单击"创建新路径"按钮，绘制顶尖装饰的样式并填充颜色。

（24）使用"钢笔工具"，在"路径"面板中单击"创建新路径"按钮，绘制顶部左边的样式。

（25）按［Ctrl＋Enter］组合键，将创建的路径载入选区，新建图层，填充选的颜色为（R175、G115、B119）。

（26）按［Ctrl＋D］组合键，取消选区的选择，对图像进行复制。

（27）使用"自由变换工具"把复制的亭子顶部左边图层进行水平翻转，摆放到合适的位置，顶部基本轮廓完成。

（28）继续创建路径，绘制亭子顶部水平的部分，转换为选区后新建图层，在新图层中填充颜色为（R125、G0、B0）。

（29）使用"矩形工具"绘制亭柱，创建矩形，设置矩形的颜色为（R68、G35、B4）。

（30）复制亭柱摆放合理位置，注意左右和中间位置粗细不同，使用"自由变换工具"进行调整。

（31）继续使用"矩形工具"制作出亭子底部和栅栏。

（32）点击图层面部下方的创建新组图层，把亭子的所有图层一起选中拖动到新建图层组中，便于调整亭子的位置和大小。

（33）创建新图层，使用"画笔工具"硬度100％，调整画笔直径画出主枝，按［Ctrl＋T］组合键，打开自由变换，在自由变换区鼠标右击，选择"变形"命令，可调整树枝大小长短。如图5－9所示。

（34）按［Ctrl＋U］组合键，在弹出的"色相饱和度"对话框中设置合适的参数，调整树枝的颜色。

（35）创建一个新的图层，设置前景色为鹅黄色，使用"画笔工具"，把画笔硬度略微降低，绘制一个柔边的圆并复制三个，分别调整位置角度作为花瓣。

（36）设置前景色为橘黄色，使用"画笔工具"绘制出花瓣中心的橘黄色。

（37）将花瓣和花蕊放置到一个图层组中，一朵花制作完成。

（38）点击图层面板的花朵图层组，按［Ctrl＋E］合并图层组为一个图层。

（39）使用"画笔工具"设置前景色为黄白色，在花朵所在图层绘制出花蕊。要注意，每次在使用"画笔工具"时，都必须在工具属性栏中设置合适的画笔参数。

（40）使用"移动工具"按钮中，按住 Alt 键移动复制花朵，调整花朵的大小和位置，如图5－10所示。

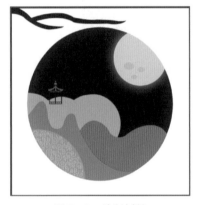

图 5－9 绘制树枝   图 5－10 绘制花

（41）使用"自定形状工具"，在工具属性栏中选择叶子形状，绘制叶子，填充颜色为绿色。栅格化叶子图层。

（42）按住 Ctrl 键单击叶子图层缩览图，将其载入选区，新建图层，使用"画笔工具"绘制暗部区域和脉络。

（43）将叶子和脉络图层放置到一个图层组中，调整到花图层的下方，并对叶子图层组进行复制摆放到合理位置。如图5－11所示。

（44）继续复制掉落的花朵和树叶。

（45）下面将绘制兔子，如图5－12所示。使用"钢笔工具"，在"路径"面板中单击"创建新路径"按钮绘制兔子的形状，使用"转换点工具"调整路径的形状，使用"直接选择工具"调整点的位置，绘制出兔子的路径。

（46）确定当前路径为选择对象，按［Ctrl＋Enter］组合键将路径载入选区，在"图层"面板中单击"创建新图层"按钮，设置前景色为白色，新建图层。按［Alt＋Delete］组合键，填充选区为前景色；按［Ctrl＋D］组合键取消选区的选择。

（47）继续绘制兔子的耳朵。

（48）将兔子耳朵和白色身体图层锁定，调整大小和位置。

至此，完成月饼包装盒插画的制作。

图 5 - 11　绘制树叶

图 5 - 12　绘制兔子

5.3.2　可爱 Q 版人物插画设计

设计思路分析：

本案例运用钢笔工具绘制人物线稿，填充人物局部颜色，通过绘制阴影、高光及渐变色来体现人物的立体感。

主要使用工具：

画笔工具、钢笔工具、模糊工具、加深减淡工具、路径面板等。

操作步骤：

（1）启动 Photoshop 后，执行"文件"→"打开"命令，弹出"打开"对话框，选择素材"可爱 Q 版人物插画\线稿.jpg"文件，单击"打开"按钮。

最终效果

（2）单击图层面板下的"创建新组"按钮创建新组，组命名为"头发"。在该组内新建多个图层，单击钢笔工具，绘制头发的路径，按［Ctrl＋Enter］组合键，将路径转换成选区，设置前景色为橘色（♯b85011），按［Alt＋Delete］组合键填充前景色，如图 5 - 13 所示。

（3）单击画笔工具，绘制人物头发的高光，如图 5 - 14 所示。

图 5 - 13　绘制头发并填充

图 5 - 14　绘制头发高光

（4）单击钢笔工具，绘制头发阴影的路径。

（5）单击画笔工具，笔刷设置参数；单击钢笔工具，单击鼠标右键，在弹出的快捷菜单中选择"描边路径"选项，弹出"描边路径"对话框，在工具下拉列表中选择"画笔"，勾选"模拟压力"，单击"确定"按钮，绘制头发阴影如图 5 - 15 所示。

（6）单击图层面板下的"创建新组"按钮，组命名为"肤色"，新建多个图层，单击钢笔工具结合画笔工具，用较浅的黄色（♯f9dbb9）绘制人物肤色的高光部分、加强肤色的立体感，如图5-16所示。

图5-15 绘制头发阴影　　　　图5-16 绘制人物脸部皮肤

（7）单击图层面板下的"创建新图层"按钮，单击画笔工具结合钢笔工具，绘制紫色（♯a73fca）蝴蝶结。单击画笔工具，笔刷大小设为1像素，颜色为白色，结合模糊工具，绘制蝴蝶结高光，同样方法绘制蝴蝶结的阴影，如图5-17所示。

图5-17 绘制紫色蝴蝶结

（8）单击图层面板下的"创建新组"按钮，组命名为上衣，在该组内新建多个图层，单击画笔工具，绘制上衣的不同颜色，如图5-18所示，再使用画笔工具给上衣添加高光及阴影部分，呈现衣服的立体感，如图5-19所示。

图5-18 绘制上衣　　　　　图5-19 增加衣服立体感

（9）同上述方法，绘制人物的裤子，如图 5 - 20 所示。单击画笔工具，前景色为（♯237a80），选择 1 像素的笔刷，绘制出阴影，再结合模糊工具，绘制出裤子的褶皱，呈现出裤子的立体感，如图 5 - 21 所示。

图 5 - 20　绘制裤子　　　　　　　　图 5 - 21　增加裤子立体感

（10）单击图层面板中的背景图层，按 ［Ctrl＋J］ 组合键，复制一份，放置在组名为"肤色"的组上，显出人物的线稿。

（11）单击图层面板下的"创建新组"按钮，组命名为"眼睛"，在该组内新建多个图层；单击钢笔工具绘制眼睛路径，按 ［Ctrl＋Enter］ 组合键将路径转换成选区，填充奶白色（♯fbe7e8），如图 5 - 22 所示。再绘制紫色的眼珠 （♯6b2a83），如图 5 - 23 所示。

图 5 - 22　绘制眼睛　　　　　　图 5 - 23　绘制紫色眼珠

（12）单击画笔工具结合钢笔工具，绘制出人物深紫色 （♯200829）的瞳孔，眼睛的高光、眼皮及眼侧，如图 5 - 24 所示。

图 5 - 24　绘制眼睛其他部分

（13）单击画笔工具结合钢笔工具，绘制出人物嘴唇的颜色及阴影，如图 5 - 25 所示。

（14）单击图层面板中的背景图层，按 ［Ctrl＋Shift＋N］ 组合键新建图层，单击渐变工具，设置深绿色（♯164b3c）到黑色的渐变，按下"径向渐变"按钮，在画布中从中心点往四周拉出深绿色到黑色的渐变，如图5-26所示。

图5-25　绘制嘴唇

图5-26　添加背景

（15）单击图层面板，选中复制的线稿，按［Ctrl＋Shift＋】］键将图层置顶，图层混合模式为"正片叠底"，增加人物的立体感，如图5-27所示。

图5-27　复制线稿设置正片叠底模式

5.3.3　涂鸦艺术插画设计

最终效果

设计思路分析：

涂鸦一般指的是随意地涂抹色彩，也指艺术上的各种颜色交融，以抽象的感觉描绘出特殊风格。本案例中的涂鸦艺术插画主要是人物面部特写设计，通过油画质感的笔触，在画面中既随意又有条理地进行绘制和设计，形成个性独特的画面风格。

主要使用工具：

画笔工具、"载入画笔"命令等。

操作步骤：

（1）执行"文件"→"新建"命令，在弹出的对话框中设置各项参数并单击"确定"按钮，新建一个图像文件。

（2）单击画笔工具，在属性栏中单击下三角按钮，弹出"画笔预设"面板，单击面板右上角的扩展按钮，在弹出的扩展菜单中选择"载入画笔"命令，载入素材"油画笔.abr"文件，然后在"画笔预设"面板中选择"油画笔4"。

（3）新建"图层 1"，设置前景色为黑色，在属性栏中设置画笔大小为"150 像素"，在画面中多次涂抹以绘制出人物的五官轮廓图像，如图 5 - 28 所示。结合【键和】键适当调整画笔大小；设置前景色为粉红色（R244、G120、B142），画笔大小为"600 像素"，为人物面部上色，如图 5 - 29 所示。

图 5 - 28 绘制人物五官　　　　　图 5 - 29 为人物面部着色

（4）新建"图层 2"，设置前景色为深红色（R228、G0、B33），继续使用画笔工具为人物面部上色，如图 5 - 30 所示。

（5）新建"图层 3"，设置前景色为淡黄色（R255、G242、B52），在图像中多次涂抹以绘制图像；新建多个图层，并采用不同的前景色，在画面中多次绘制图像，使人物面部色调呈现冷暖对比，如图 5 - 31 所示。

图 5 - 30 继续为面部着色　　　　图 5 - 31 为面部涂抹淡黄色

（6）新建"图层 9"，设置前景色为黑色，在人物五官处多次涂抹以强化五官轮廓。

（7）新建多个图层，并设置画笔大小为"90 像素"，继续使用画笔工具，调整画笔大小与前景色，在画面中多次涂抹以绘制图像，加强人物面部色调对比，使人物面部左右两侧呈现明显的冷暖对比，如图 5 - 32 所示。

（8）在"图层 1"下方新建"图层 14"。设置前景色为水红色（R255、G21、B0），使用较大的画笔绘制出背景图像，如图 5 - 33 所示。至此，本实例制作完成。

图 5 - 32   用冷暖色调多次涂抹   图 5 - 33   绘制涂抹出背景

5.3.4   可爱动物插画设计

设计思路分析：

可爱动物插画主要通过对动物形象的控制来体现特色，可以是写实的、卡通的或者抽象的动物形象。本实例展现的是一幅富有趣味的画面，通过不同的动物独特的肢体语言，给人以热闹和生动的画面感受，整体色调协调而统一，集中式的构图更能突出画面主题。

主要使用工具：

画笔工具、橡皮擦工具、魔棒工具、图层混合模式、文字工具等。

操作步骤：

（1）执行"文件"→"新建"命令，在弹出的对话框中设置各项参数并单击"确定"按钮，新建一个图像文件。

最终效果

（2）打开素材中的"素材1.jpg"文件，将其拖至当前图像文件中并调整其位置，如图5-34所示。打开"素材2.jpg"文件，将其拖至当前图像文件中，然后设置其图层混合模式为"正片叠底"，"不透明度"为64%，以调整色调，如图5-35所示。

图 5 - 34   添加素材 1   图 5 - 35   添加设置素材 2

（3）新建"图层 3"，设置前景色为黑色，单击画笔工具，选择"硬边圆"画笔，设置画笔大小为"60 像素"，在画面中绘制出窗户图像，结合橡皮擦工具擦除部分图像色调，如图 5-36 所示。

（4）在"图层 3"下方新建"图层 4"，选择柔角画笔，设置相应的画笔"模式"并采用不同的前景色，在画面中多次涂抹，为窗户图像上色，使其形成光影效果；新建"图层 5"，选择"硬边圆"画笔，设置画笔大小为"25 像素"，在画面中绘制出光斑图像效果，如图 5-37 所示。

 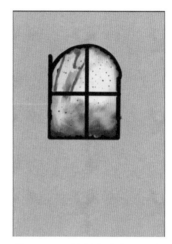

图 5-36　绘制窗户　　　　　　图 5-37　绘制窗户光斑图像

（5）在"图层 3"上方新建"图层 6"，设置前景色为黑色，使用铅笔工具，在画面中绘制出动物的轮廓图像；使用相同的方法，新建"图层 7"，并绘制出树叶轮廓图像，如图 5-38所示。在"图层 6"下方新建"图层 8"，然后使用魔棒工具单击各个动物和树叶轮廓以创建选区，使用油漆桶工具为选区分别填充相应颜色，如图 5-39 所示。

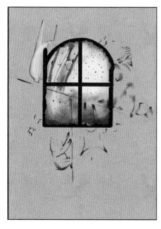 

图 5-38　绘制动物轮廓　　　　　图 5-39　填充动物轮廓

（6）新建"图层 9"，设置前景色为灰蓝色（R83、G132、B144），按住 Ctrl 键的同时单击"图层 8"缩览图，将其载入选区。使用画笔工具，为白色动物绘制暗部图像，采用不同的前景色，绘制亮部图像。

（7）使用相同的方法，为其他动物图像上色。新建"图层 10"，设置前景色为黑色，使用柔角画笔，在图像中多次涂抹，以加深动物图像的暗部色调；使用相同的方法，采用不同颜色，绘制亮部图像；新建"图层11"，设置前景色为深褐色（R70、G38、B8），并设置画笔大小为"5像素"，在动物四周绘制出毛发图像，调整该图层的"不透明度"，如图5-40所示。

（8）使用横排文字工具，输入主题文字；设置前景色为暗红色（R81、G15、B8），新建"图层12"，使用画笔工具在文字部分绘制图像，增强文字的趣味性，如图5-41所示。至此，本实例制作完成。

图5-40　增加动物们的立体感　　　图5-41　添加文字

5.3.5　写实人物插画设计

完成效果

设计思路分析：

写实人物插画的设计主要是对人物进行写实性的处理，并以绘画的形式表现出来。本案例中的写实人物插画整体色调对比鲜明，通过对人物皮肤、头发等部分色调的处理，使画面体现出一定的科技感和现代感，呈现出一个精灵般的动漫人物角色。

主要使用工具：

画笔工具、橡皮擦工具、渐变工具、"照片滤镜"调整图层、"可选颜色"调整图层、"曲线"调整图层、图层混合模式、"液化"滤镜等。

操作步骤：

（1）执行"文件"→"新建"命令，在弹出的对话框中设置各项参数并单击"确定"按钮，新建一个图像文件。

（2）新建一个"人物"图层组，在其中新建"组1"；打开素材中的"人物.jpg"文件，将其拖至当前图像文件中并调整其位置；单击钢笔工具，在画面中为人物绘制路径，按［Ctrl＋Enter］组合键将路径转换为选区，单击"添加图层蒙版"按钮以抠取人物图像，如图5-42所示。

（3）单击"创建新的填充或调整图层"按钮，在弹出的菜单中选择"自然饱和度"命令，在"属性"面板中设置相应的参数；使用相同的方法，创建"可选颜色"和"曲线"调

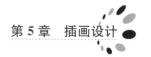

整图层，以调整人物图像的色调效果，如图 5 - 43 所示。

图 5 - 42　抠取人像

图 5 - 43　调整人物色调

（4）按［Ctrl＋Alt＋Shift＋E］组合键盖印"组 1"，得到"组 1（合并）"图层；然后执行"滤镜"→"液化"命令，在弹出的对话框中使用向前变形工具，在人物的脖子两侧进行涂抹，从而将脖子处理得更加纤细，单击"确定"按钮，以应用该滤镜效果，如图 5 - 44 所示。

（5）新建"组 1"，并将"组 1（合并）"图层拖至该组中，然后隐藏"组 1"。

（6）新建"图层 2"，单击画笔工具采用不同的前景色，在人物面部和手臂进行涂抹，并创建剪贴蒙版，以调整该部分的皮肤色调效果。

（7）新建多个图层，使用画笔工具，采用不同的前景色，在人物的肩膀和脖子等部位进行涂抹，以调整该部分的色调效果。

（8）单击"创建新的填充或调整图层"按钮，在弹出的菜单中选择"曲线"命令，在"属性"面板中依次设置"绿""蓝"和 RGB 对应的参数，然后创建剪贴蒙版，以调整人物图像的色调效果。

图 5 - 44　处理脖子

（9）新建多个图层，使用画笔工具，采用不同的前景色，在人物的肩膀和脖子等部位进行涂抹，以调整该部分的色调效果，如图 5 - 45 所示。

（10）新建图层，设置前景色为灰蓝色（R80、G149、B190），使用较透明画笔工具在人物的眼睛部分绘制图像；创建剪贴蒙版并设置其混合模式为"颜色"，形成眼影效果，如图 5 - 46 所示。

（11）新建图层，设置前景色为粉蓝色（R136、G197、B255），使用较透明画笔在人物的眼球部分绘制图像；创建剪贴蒙版并设置其混合模式为"叠加"，以调整色调效果。

图 5 - 45　调整皮肤色调　　　　　　图 5 - 46　增加眼影

（12）新建多个图层，使用画笔工具，采用不同的前景色，在人物的眼睛部位进行涂抹，以调整其暗部和亮部的色调效果，如图 5 - 47 所示。

（13）新建图层，设置前景色为深灰蓝色（R111、G133、B153），使用较小的画笔在人物的眼睛部分绘制图像；创建剪贴蒙版并设置其混合模式为"滤色"，形成睫毛效果，如图 5 - 48 所示。

（14）新建多个图层，使用画笔工具并采用不同的前景色，在人物眼睛下方及面部进行涂抹，并创建剪贴蒙版，形成眼线和面部的亮部图像效果。

（15）新建多个图层，并使用相同的方法，在人物唇部绘制图像，并设置图层混合模式，从而为唇部添加色彩效果。

图 5 - 47　调整眼睛暗部和亮部　　　　图 5 - 48　增加睫毛

（16）新建一个"头发"图层组，在其中新建图层，设置前景色为浅灰色（R163、G163、B163），使用画笔工具，在画面中绘制出头发的基本形状，如图 5 - 49 所示。新建图层，并采用不同的前景色，在画面中绘制出头发基本的暗部和亮部效果，并创建剪贴蒙版，如图 5-50 所示。

图 5-49　绘制头发

图 5-50　增加头发的立体感

（17）新建多个图层，使用画笔工具并采用不同的前景色，在画面中多次涂抹，对头发进行深入刻画，如图 5-51 所示。

（18）新建图层，使用较透明的画笔工具，并采用不同的前景色，继续绘制头发图像，如图 5-52 所示。

图 5-51　进一步增加头发立体感

图 5-52　继续调整头发

（19）新建多个图层，依次设置较浅的前景色，并相应调整画笔大小，在画面中涂抹，以增加头发的细腻程度，使其富有层次感，如图 5-53 所示。

（20）分别对"人物"和"头发"图层组进行盖印，得到"人物（合并）"和"头发（合并）"图层，隐藏各组并调整各图层的上下关系。

（21）新建图层，使用较透明的画笔，并采用不同的前景色，在人物皮肤周围进行涂抹，并创建剪贴蒙版，从而调整人物的皮肤颜色，如图 5-54 所示。

图 5-53 增加头发的层次感　　　　图 5-54 调整皮肤颜色

（22）新建多个图层，使用相同的方法，在人物皮肤部分绘制图像，相应调整图层混合模式，从而改善人物肤色效果。

（23）新建图层并设置前景色为黑色，使用较透明的画笔在人物头发下方进行涂抹，并设置其"不透明度"为10%，以形成投影效果。

（24）在"头发（合并）"图层上方新建图层，设置前景色为白色，使用较透明的画笔在头发的亮部多次涂抹以绘制图像；采用不同的前景色，在暗部绘制图像，设置其混合模式为"叠加"并创建剪贴蒙版，如图 5-55 所示。

（25）新建图层，单击渐变工具，然后打开"渐变编辑器"对话框，设置渐变颜色后，为该图层填充线性渐变；设置其混合模式为"颜色"并创建剪贴蒙版，以调整头发图像的色调效果。

（26）新建图层，设置前景色为白色，使用较小的画笔，在头发的亮部进行涂抹，形成高光效果，如图 5-56 所示。

图 5-55 微调皮肤和头发　　　　图 5-56 调整头发色调

（27）按［Ctrl＋Alt＋Shift＋E］组合键盖印可见图层，得到"图层 34"，在其下方新建图层，并使用渐变工具为该图层填充渐变，如图 5－57 所示。

（28）新建图层，使用较透明的画笔，并采用不同的前景色，在人物周围进行涂抹，形成光影效果。

（29）为"图层 34"创建"颜色填充 1"图层，并设置颜色为白色，然后设置图层混合模式为"滤色"，"不透明度"为 20％，选择其蒙版并使用较透明的画笔在人物图像上涂抹以恢复部分图像色调；使用相同的方法，依次添加"照片滤镜"和"色阶"调整图层，并设置参数，如图 5－58 所示。

图 5－57　填充渐变背景　　　　　图 5－58　给人物周围形成光影效果

（30）按住 Ctrl 键单击"图层 34"及其调整图层，按［Ctrl＋Alt＋Shift＋E］组合键盖印图层，得到"色阶 1（合并）"。然后隐藏其他图层，执行"滤镜"→"液化"命令，在弹出的对话框中使用向前变形工具，在人物的脖子两侧和手臂部位进行涂抹，从而改善其动作形态，如图 5－59 所示。

（31）新建图层，设置前景色为白色，使用画笔工具在人物皮肤的亮部多次涂抹，并设置混合模式为"叠加"，形成高光效果；再次新建图层并采用不同前景色在皮肤上绘制图像，如图 5－60 所示。

图 5－59　改善动作形态　　　　　图 5－60　增加皮肤高光

（32）新建图层，设置前景色为白色，使用较透明的画笔，在画面中多次涂抹以绘制出光影效果，如图5-61所示。

（33）再次新建图层，使用较小的画笔，在画面左下方绘制出签名图像效果，如图5-62所示。至此，本实例制作完成。

图5-61　画笔绘制光影　　　　　　　图5-62　制作签名

5.4　课后练习

1. 本习题中运用钢笔工具绘制人物线稿，在绘制人物局部时用"描边路径"命令，结合画笔工具，绘制阴影、高光，体现人物的立体感。主要使用工具：画笔工具、钢笔工具、模糊工具、加深减淡工具等。

人物线稿

2. 商业案例——静夜插画的设计思路：本习题是一款表达夜晚寂静的插画，夜晚的插画在选色时通常会选择一个黑暗的天空颜色，加上月亮、繁星、竹子和小鸟，使画面让浏览者感觉到一种安静的效果，即使是偶尔的鸟叫也不会破坏整体的寂静。在画面中的第一视觉点是月亮，黑夜里唯一发出亮光的物体，衬托着繁星、白云和飞翔的鸟，让月光变得更加唯美，第二视觉点是地面上的竹子，静静地，一动不动，将寂静衬托得更加明显。

静夜插画

第6章 DM单设计

DM是英文direct mail advertising的简称,直译为"直接邮寄广告",即通过邮寄、赠送等形式,将宣传品送到消费者手中。亦可将其表述为direct magazine advertising(直投杂志广告)。

DM是区别于传统广告(报纸、电视、广播、互联网等广告)的新型广告发布模式。传统广告刊载媒体贩卖的是内容,然后把发行量二次贩卖给广告主,而DM则是贩卖直达目标消费者的广告通道。

常见DM单形式有:销售函件、商品目录、商品说明书、小册子、名片、明信片以及传单等。

6.1 DM单的分类

由于DM单的运用范围广,在设计表现上也趋向于比较自由的样式,这也使其呈现出多样化的种类,主要有传单型、册子型和卡片型。

1. 传单型

传单型的DM单即单页DM单,主要用于促销等活动的宣传或新产品上市或新店开张等具有强烈时效性的事件,属于加强促销的强心针。其尺寸、形式灵活多变,设计要求以突显宣传内容为主,如图6-1所示。

2. 册子型

图6-1 传单型DM单

册子型的DM单主要用于企业文化的宣传以及企业产品信息的详细介绍,一般由企业直接邮寄给相应产品的目标消费群,或赠予购买其产品的消费者,用以加深用户对企业的认识,塑造企业的形象,同时也对公司旗下相关联的产品信息进行了介绍和发布,如图6-2所示。该类型的DM单,其设计简洁、色块分明,便于阅读,同时对企业形象和产品信息起到宣传的作用。

3. 卡片型

卡片型的DM单设计新颖多变,制作最为精细,一般

图6-2 册子型DM单

以邮寄、卖场展示等方式出现，对企业形象和产品信息也起到宣传作用，同时还会在一些节假日或特殊的日子出现，以辅助进行促销，如图 6-3 所示。

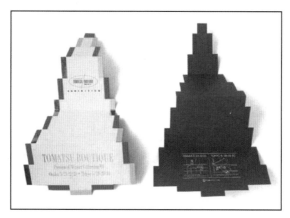

图 6-3　卡片型 DM 单

6.2　DM 单的设计理念

1. DM 单设计要点

（1）要了解商品，熟知消费者的心理习性和规律。

（2）设计新颖有创意，印刷要精致美观，以吸引更多的眼球。

（3）充分考虑其折叠方式、尺寸大小和实际重量，要便于邮寄。

（4）形式无法则，可视具体情况灵活掌握，自由发挥，出奇制胜。

（5）图片的运用，多选择与所传递信息有强烈关联的图案，以刺激记忆。

图 6-4　针对性

2. DM 单的特点

DM 单广告以自身的特点和良好的创意设计，印刷及诚实诙谐、幽默等富有吸引力的语言来吸引目标对象，以达到较好的效果，那么 DM 单广告有什么样的特点呢？

（1）针对性。

DM 单与其他媒介的最大区别在于 DM 单可以直接将广告信息传送给真正的受众，这使其具有了很强的针对性，它可以有针对性地选择目标对象，对症下药，有效减少了广告资源的浪费，如图 6-4 所示。

（2）灵活性。

DM 单的设计形式无法则，可视具体情况灵活掌握，自由发挥，出奇制胜。它更不同于报纸杂志广告，DM 广告的广告主可以根据企业或商家的具体情况来选择版面，并可以自行确定广告信息的长短及印刷形式，如图 6-5 所示。

（3）持续时间长。

DM 单广告不同于电视广告，它是真实存在的可保存信息，能在广告受众做出最后决定前使其反复翻阅其广告信息，并以此作为参照物来详尽了解产品的各项性能指标，直到最后做出

图 6-5　灵活性

购买或舍弃决定，如图 6－6 所示。

图 6－6　可反复翻阅

（4）广告效应好。

DM 单广告是由工作人员直接派发或寄送送达的，故而广告主在付诸实际行动之前，可以参照人口统计因素和地理区域因素选择受传对象，以保证最大限度地使广告讯息为受传对象所接受。与其他媒体不同的是，广告受众在收到 DM 广告后，基于心态驱使会想了解其内容，所以 DM 广告较其他媒体广告能产生良好的广告效应。并且广告主在发出直邮广告之后，可以借助产品销售数量的增减变化情况及变化幅度来了解广告信息传出之后产生的效果，如图 6－7 所示。

图 6－7　广告效应好

6.3　优秀案例

6.3.1　房地产 DM 单设计

设计思路分析：

最终效果

本例是为房产公司设计 DM 单，整个设计明确针对房地产进行宣传，其设计简洁、色块分明，便于阅读，对房地产形象和产品信息起到了很好的宣传效果。设计要点如下：

第 1 点：房地产 DM 单要求设计华丽美观，视觉效果引人注目。

第 2 点：单页广告要求文字简要且精准地概括出商品的主要信息。

第 3 点：合理安排活动内容、产品介绍和服务介绍等。

第 4 点：可以根据受众的消费需求，提供一些商品以外的生活讯息。

主要使用工具：

渐变工具、图层面板、矩形选框工具、横排文字工具、图层样式。

操作步骤：

选取与房地产相关的素材制作主体画面。

（1）启动 Photoshop，然后按［Ctrl＋N］组合键新建一个"房地产 DM 单设计"文件，具体参数设置如图 6 - 8 所示。

（2）新建一个"图层 1"，然后选择"渐变工具"，打开"渐变编辑器"对话框，接着设置第 1 个色标的颜色为（R1、G3、B13），第 2 个色标的颜色为（R32、G61、B74），最后从上往下为该图层填充使用线性渐变色，如图 6 - 9 所示。

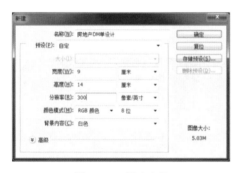

图 6 - 8　新建文件

图 6 - 9　填充渐变

（3）继续新建一个"图层 2"，然后使用相同的方法和合适的颜色为该图层制作如图 6 - 10 所示的渐变效果，接着按［Ctrl＋T］组合键进入自由变换状态，调整图像至合适的大小，如图 6 - 11 所示。最后为该图层添加一个图层蒙版，如图 6 - 12 所示，并使用"渐变工具"在蒙版中从上往下填充黑色到透明的线性渐变。

图 6 - 10　再次渐变

图 6 - 11　变换渐变

图 6 - 12　添加蒙版

（4）打开素材文件"素材 02.psd"文件，将其中的图层分别拖曳到"房地产 DM 单设计"操作界面中，并依次放到合适的位置，接着将新生成的图层分别更名为"建筑 1"图层和"建筑 2"图层，如图 6-13 所示。

图 6-13　添加素材

（5）打开素材文件"素材 03.psd"文件，将其中的图层分别拖曳到"房地产 DM 单设计"操作界面中，并依次放到合适的位置，接着设置这些图层的"混合模式"为"颜色减淡"，效果如图 6-14 所示。

（6）继续打开素材文件"素材 04.psd"文件，将其中的图层分别拖曳到"房地产 DM单设计"操作界面中，并依次放到合适的位置，最后将新生成的图层分别更名为"星星"图层、"月亮"图层和"云"图层，如图 6-15 所示。

图 6-14　添加素材设置减淡模式　　　　图 6-15　添加素材

（7）新建一个图层，使用"矩形选框工具"绘制出合适的选区，接着打开"渐变编辑器"对话框，如图 6-16 所示，选择合适的渐变色，为选区填充丝带效果，最后运用同样的方法绘制出其他丝带效果，如图 6-17 所示。

图 6-16　绘制矩形添加渐变　　　　　图 6-17　添加丝带效果

（8）单击"横排文字工具"，在绘图区域中输入文字信息，接着为文字添加"渐变叠加"的图层样式，编辑出合适的渐变色，如图 6-18 所示。

图 6-18　添加文字

（9）新建一个"组 1"，然后选择"圆角矩形工具"，接着在选项栏中设置"填充颜色"为白色，"描边"为无颜色，"半径"为 6 像素，最后绘制出如图 6-19 所示的圆角矩形。

（10）按〔Ctrl＋J〕组合键复制出 4 个副本图层，然后按 Shift 键选中所有圆角矩形，接着在选项栏中单击"水平居中分布"按钮，最后选择"组 1"，按〔Ctrl＋J〕组合键复制出一个副本图层，并移动到合适的位置，如图 6-20 所示。

图 6-19　添加矩形　　　　　　图 6-20　复制多个矩形

(11) 打开素材文件"素材 05. psd"文件,将其中的图层分别拖曳到"房地产 DM 单设计"操作界面中,接着根据图层内容将不同的素材图层设置为对应圆角矩形图层的剪贴蒙版,如图 6-21 所示。

(12) 导入素材文件"素材 06. png"文件,将其移动到画面中的合适位置,接着使用"横排文字工具"在绘图区域中输入文字信息,如图 6-22 所示。

图 6-21　素材与矩形应用剪切蒙版　　　　图 6-22　添加素材和文字

(13) 执行"图层"→"图层样式"→"渐变叠加"菜单命令,打开"图层样式"对话框,单击"点按可编辑渐变"按钮,并设置第 1 个色标的颜色为(R266、G243、B212),第 2 个色标的颜色为(R196、G169、B77),接着设置"角度"为"-90°",具体参数设置如图 6-23 所示,最终效果如图 6-24 所示。

图 6-23　图层样式参数　　　　　　　图 6-24　应用图层样式

6.3.2　食品 DM 单设计

设计思路分析:

本例要制作的是一款食品宣传单,运用了具有纹理质感的背景,又添加一些带有健康元素的食物素材,同时使用对比原则进行文字的排版设计,将文字按照圆形图像的外形进行摆放,使作品整体风格简洁大方。设计要点如下:

第 1 点:设计时要透彻了解商品,熟知消费者的心理特点和规律。

第 2 点:设计思路要新颖,印刷要精致美观,以吸引更多的眼球。

第 3 点:单页广告的设计形式可以根据具体情况灵活掌握。

第 4 点:文案内容在广告设计中有非常重要的作用。

第 5 点：以绿色为主色，然后选择比较鲜艳的颜色，以提高商品的吸引力。

最终效果

主要使用工具：

图层面板、图层样式、横排文字工具。

操作步骤：

选择具有纹理的背景，使整个作品更具有质感。

（1）导入素材文件"素材 10. png"文件，如图 6-25 所示。

（2）导入素材文件"素材 11. png"文件，如图 6-26 所示。

图 6-25　添加素材 10

图 6-26　添加素材 11

（3）导入素材文件"素材 12. png"文件，然后将"生菜"图层移动到"食物"图层的下方，接着执行"图层"→"图层样式"→"内阴影"菜单命令，打开"图层样式"对话框，最后设置"混合模式"为"叠加"、"阴影颜色"为白色、"不透明度"为 80%、"距离"为 5 像素、"大小"为 25 像素，如图 6-27 所示。

图 6-27　添加素材并添加图层样式

（4）在"图层样式"对话框中单击"投影"样式，然后设置"不透明度"为45%、"距离"为15像素、"大小"为35像素，如图6-28所示，效果如图6-29所示。

图6-28　投影图层样式参数

图6-29　应用投影图层样式

（5）在"图层"面板的下方单击"创建新的填充或调整图层"按钮，在弹出的菜单中选择"色相/饱和度"命令，然后在"属性"面板中设置"饱和度"为20。

（6）导入素材"素材13.psd"，然后调整好图层的位置，效果如图6-30所示。

（7）导入素材"素材14.png"文件，然后执行"图层"→"图层样式"→"投影"菜单命令，打开"图层样式"对话框，接着设置"不透明度"为35%、"距离"为40像素、"大小"为12像素，如图6-31所示，效果如图6-32所示。

图6-30　调整色调添加树叶素材

图6-31　图层样式

图6-32　添加素材应用图层样式

（8）添加具有底色的文字效果，使文字的视觉效果更加明显。新建一个图层，然后使用"钢笔工具"绘制一个合适的路径，接着设置前景色为（R111、G20、B62），并使用前景色填充该路径，最后使用"横排文字工具"在画面上输入文字信息，如图6-33所示。

（9）继续使用"横排文字工具"在画面上输入文字信息，然后执行"图层"→"图层样式"→"投影"菜单命令，打开"图层样式"对话框，接着设置"距离"为2像素，如图6-34所示。

图 6-33　添加文字效果

图 6-34　应用图层样式

（10）设置前景色为（R9、G61、B0），然后使用"横排文字工具"在画面上输入文字信息，接着调整好文字的方向和大小，如图 6-35 所示。

（11）导入素材文件的"素材 15.png"文件，如图 6-36 所示。

图 6-35　继续输入文字信息

图 6-36　添加素材

（12）新建一个图层，然后使用"椭圆选框工具"绘制出一个椭圆选区，接着打开"渐变编辑器"，设置第 1 个色标的颜色为（R1、G40、B3），第 2 个色标的颜色为（R82、G89、B6），最后为选区填充使用线性渐变，如图 6-37 所示。

图 6-37　绘制椭圆填充渐变

（13）执行"图层"→"图层样式"→"外发光"菜单命令，然后在"外发光"对话框中设置"混合模式"为"叠加"、"不透明度"为 35%、"大小"为 44 像素，如图 6-38 所示。

（14）使用"横排文字工具"在左下角输入文字信息，然后设置合适的颜色，最终效果如图 6-39 所示。

图 6 - 38 添加图层样式　　　　　　　　　　图 6 - 39 添加文字

6.3.3 冰激凌 DM 单设计

设计思路分析：

本例设计的是冰激凌 DM 单。在视觉设计中，人们看到不同的颜色，就会产生不同的联想，例如，褐色让人联想到咖啡或者巧克力，绿色让人联想到环境或者健康等。而冰激凌给人一种甜蜜和浪漫的感觉，所以使用了紫色来作为该幅作品的主色调。颜色艳丽且给人甜蜜的冰激凌在紫色的衬托下，更能勾起人们品尝的欲望。所以，想将一个设计作品完美地表现出来，并且拥有良好的视觉效果，就要选择合适的素材，并理解色彩的真正含义。

主要使用工具：

钢笔工具、渐变编辑器、图层面板、横排文字工具、画笔工具、自定形状工具。

操作步骤：

页面的版式决定了设计作品的风格。

（1）启动 Photoshop，按［Ctrl＋N］组合键新建一个"冰激凌 DM 单设计"文件，具体参数设置如图 6 - 40 所示。

（2）设置前景色为（R266、G243、B214），然后按［Alt＋Delete］组合键填充"背景"图层，如图 6 - 41 所示。

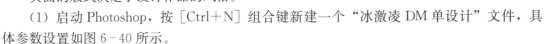

图 6 - 40 新建文件　　　　　　　　　图 6 - 41 填充背景

（3）使用"钢笔工具"绘制出多个三角形，并使用白色填充路径，如图 6 - 42 所示。

（4）使用"钢笔工具"在画面上方绘制出一个三角形，并将路径转换为选区，如图 6 - 43 所示。

图 6 - 42　绘制多个三角形　　　　图 6 - 43　绘制三角形选区

（5）在"背景"图层的上方新建一个图层，然后打开"渐变编辑器"对话框，接着设置第 1 个色标的颜色为（R2、G36、B82），第 2 个色标的颜色为（R81、G76、B163），最后从左向右为选区填充线性渐变色，如图 6 - 44 所示。

（6）使用相同的方法为画面下方的图形选区填充渐变色，如图 6 - 45 所示。

图 6 - 44　渐变编辑器　　　　图 6 - 45　给选区填充渐变色

图 6 - 46　添加素材到三角形

确定了作品的色调后，在软件中如何处理图片是关键的一步。

（7）打开素材文件的"素材 01. psd"文件，然后将其中的图层分别拖曳到"冰激凌 DM 单设计"操作界面中，接着根据素材内容将不同的素材图层设置为对应图层的剪贴蒙版，如图 6 - 46 所示。

（8）在"图层"面板的下方单击"创建新的填充或调整图层"按钮，然后在弹出的菜单中选择"亮度/对比度"命令，接着在"属性"面板中设置"对比度"为 33，如图6 - 47所示。

文字大小的调整以及分布决定了一个作品的风格。

（9）选择"横排文字工具"，然后打开"字符"面板，接着设置"字体样式"为 222 - CaI978，在如图 6 - 48 所示的位置输入相应的文字信息。

图 6-47 调整亮度/对比度　　　　图 6-48 添加文字

（10）新建一个图层，然后使用"画笔工具"绘制两条横竖线，如图 6-49 所示。

（11）选择"横排文字工具"，然后在画面中输入其他文字信息，如图 6-50 所示。

图 6-49 绘制两线　　　　图 6-50 添加文字

（12）选择"自定形状工具"，然后在选项栏中单击"形状图层"按钮，接着选择"形状"右侧的"点按可打开自定形状拾色器"按钮，选择"猫"图形，如图 6-51 所示，最后在绘图区域中绘制出图形，最终效果如图 6-52 所示。

图 6-51 自定义形状　　　　图 6-52 绘制猫图形

6.3.4　婚礼三折页 DM 单设计

设计思路分析：

本例制作的是一款婚礼三折页，运用了灰色和粉色的颜色搭配，使整个设计显现出高档的视觉效果；使用了圆形作为设计中的主要图形，不仅带有美好的寓意，而且使整个设计显现出丰富的画面感；运用调整图层制作黑白照片，使整个设计的气氛神秘而唯美。设计要点如下：

最终效果

第 1 点：体现活动主题、产品主题和服务主题。
第 2 点：活动广告语和设计风格要和主题相符合。
第 3 点：要充分考虑三折页的折叠方式和尺寸大小。
第 4 点：颜色不宜过多，以免太过花哨降低档次。
主要使用工具：
矩形选框工具、画笔工具、横排文字工具、椭圆选框工具。
操作步骤：
统一每个页面的色调，并制作大小不同的圆形图案。

（1）启动 Photoshop，按［Ctrl＋N］组合键新建一个"婚礼三折页设计"文件，具体参数设置如图 6‑53 所示。

（2）执行"视图"→"标尺"命令，然后在显示的标尺区域拉出参考线，把页面平均分成 3 等份，如图 6‑54 所示。

图 6‑53　新建文件

图 6‑54　添加参考线

（3）新建一个"左侧"图层组，然后在该组下新建一个图层，接着设置前景色为（R44、G52、B65），最后使用"矩形选框工具"画绘制出合适的矩形选区，并使用前景色填充选区，如图 6‑55 所示。

（4）新建一个名称为"圆点"的图层，然后使用白色"画笔工具"绘制出如图 6‑56 所示的圆形，接着设置该图层的"不透明度"为 20％，如图 6‑57 所示。

图 6‑55　绘制矩形并填充

图 6‑56　画笔绘制圆形

图 6‑57　调整不透明度

（5）设置前景色为（R219、G76、B110），然后使用"椭圆选框工具"分别绘制出多个圆形选区，并使用前景色进行填充，如图 6 - 58 所示。

（6）导入素材文件"素材 07.jpg"文件，然后将新生成的图层命名为"人像 1"图层，接着将"人像 1"图层设置为相应圆形图层的剪贴蒙版，如图 6 - 59 所示。

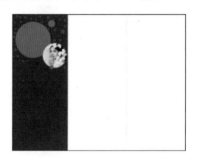

图 6 - 58　绘制多个圆　　　　　图 6 - 59　添加素材生成剪切蒙版

使用合适的字体对设计具有很大的帮助。

（7）使用"横排文字工具"输入相应的文字信息，然后调整合适的字体样式和大小，如图 6 - 60 所示。

（8）新建一个图层，然后使用"矩形选框工具"绘制出合适的矩形选区，接着使用粉色填充选区，如图 6 - 61 所示。

图 6 - 60　添加文字　　　　　图 6 - 61　添加粉色矩形

（9）新建一个"中间"图层组，然后在该组下新建一个图层，接着设置前景色为（R240、G240、B240），最后使用"矩形选框工具"绘制出合适的矩形选区，并使用前景色填充选区，如图 6 - 62 所示。

（10）导入素材文件的"素材 08.png"文件，然后将其移动到画面中间的位置，如图 6 - 63 所示。

图 6 - 62　添加灰色矩形　　　　　图 6 - 63　添加素材

（11）选择"横排文字工具"，然后在选项栏中设置"字体样式"为 Ignis et Glacies

Sharp，接着输入文字信息，如图 6‑64 所示。

（12）新建一个图层，然后使用"矩形选框工具"绘制出合适的矩形选区，接着使用暗蓝色填充选区，最后输入其他的文字信息，如图 6‑65 所示。

图 6‑64　添加文字　　　　　　图 6‑65　绘制矩形

（13）新建一个"矩形"图层，然后使用"矩形选框工具"绘制出合适的矩形选区，接着使用粉色填充选区，如图 6‑66 所示。新建一个"圆点 2"图层，使用白色"画笔工具"绘制出大小不一的圆点图形，如图 6‑67 所示。

图 6‑66　绘制矩形　　　　　　图 6‑67　添加圆点

（14）设置"圆点 2"图层的"不透明度"为 55%，然后将"圆点 2"图层设置为"矩形"的剪贴蒙版，如图 6‑68 所示。

运用调整图层将彩色照片制作成黑白效果。

（15）新建一个"右侧"图层组，然后导入素材文件"素材 09.jpg"文件，将新生成的图层命名为"人像 2"图层，如图 6‑69 所示。

图 6‑68　设置圆点不透明度　　　图 6‑69　添加素材

（16）在"图层"面板的下方单击"创建新的填充或调整图层"按钮，然后为其添加默认的"黑白"调整图层，将该调整图层设置为"人像 2"的剪贴蒙版，如图 6‑70 所示。

图 6 - 70　调整人像色调

（17）新建一个图层，然后使用"椭圆选框工具"绘制两个合适的圆形选区，并使用粉色进行填充，调整图层的"混合模式"为"正片叠底"，如图 6 - 71 所示。

（18）使用"横排文字工具"输入文字信息，然后在选项栏中设置"字体样式"为 Goya，并选择"居中对齐文本"按钮，最终效果如图 6 - 72 所示。

图 6 - 71　绘制椭圆　　　　　　　　图 6 - 72　添加文字

6.3.5　餐厅 DM 单设计

设计思路分析：

餐厅 DM 单设计的风格要根据餐厅的主题和消费人群而定，通过相应的色调向顾客传递出内容和理念。本案例中的 DM 单设计主要以暖色调为主，传递出温馨、时尚而不同寻常的画面效果，多种元素的搭配给画面增添了韵律和节奏。

最终效果

主要使用工具：

矩形工具、圆角矩形工具、钢笔工具、圆角矩形工具。

操作步骤：

（1）执行"文件"→"新建"命令，在弹出的对话框中设置各项参数并单击"确定"按钮，新建一个图像文件，如图 6－73 所示。

（2）新建一个"正面"图层组，单击矩形工具，在属性栏中设置相应参数，在画面左侧绘制一个矩形形状；采用相同的方法，使用圆角矩形工具在矩形形状右侧绘制一个圆角矩形形状，并设置其"不透明度"为 70％；复制该圆角矩形形状，调整其颜色、大小、位置及不透明度，如图 6－74 所示。

图 6－73　新建图像文件　　　　图 6－74　绘制多个矩形

（3）单击圆角矩形工具，在属性栏中设置相应参数，在矩形形状上方绘制多个圆角矩形形状；使用相同的方法，依次绘制颜色较浅的圆角矩形状，并设置"圆角矩形 4"图层的"不透明度"为 50％，如图 6－75 所示。

（4）使用自定形状工具在画面中绘制一个装饰形状，结合自由变换命令调整其方向，复制该形状图层并调整其位置，设置其混合模式为"浅色"，如图 6－76 所示。

图 6－75　绘制多个圆角矩形　　　　图 6－76　绘制装饰形状

（5）继续使用自定形状工具，在画面中多次绘制装饰形状，分别复制各图层后调整图像位置，使形状形成散落的效果，如图 6－77 所示。

（6）单击矩形工具，在属性栏中设置相应参数，在画面下方绘制一个矩形形状，如图 6－78 所示。

图 6－77　复制多个装饰形状　　　　图 6－78　绘制矩形

（7）打开素材文件的"剪影1. png"文件，将其拖至当前图像文件中，调整其位置后创建剪贴蒙版，如图6-79所示。

（8）打开"剪影2. png"文件，将其拖至当前图像文件中并调整其位置，如图6-80所示。

图 6-79　添加素材 1　　　　图 6-80　添加素材 2

（9）单击自定形状工具，在属性栏中设置相应参数，在画面中绘制一个会话框形状，如图6-81所示。

（10）复制"图层1"，调整其大小和位置，结合矩形选框工具和图层蒙版隐藏局部色调。单击"锁定透明像素"按钮，为其填充米黄色（R255、G233、B177），如图6-82所示。

（11）使用矩形工具在画面右下角多次绘制矩形形状，设置"矩形3"图层的"不透明度"为60％。按住Ctrl键选择"图层1副本"和"矩形2"图层，按〔Ctrl＋Alt＋Shift＋E〕组合键盖印图层得到"矩形2（合并）"图层，并调整图像位置和图层上下关系，单击"锁定透明像素"按钮，为其填充米黄色（R201、G74、B95），如图6-83所示。

图 6-81　绘制会话框形状　　　图 6-82　复制人物剪影　　　图 6-83　绘制矩形

（12）新建一个logo图层组，在其中使用钢笔工具绘制一个不规则形状；单击横排文字工具，在"字符"面板中设置文字的相关参数，在画面中输入文字，并调整其大小和位置，如图6-84所示。

（13）按〔Ctrl＋J〕组合键，复制"正面"图层组并将其重命名为"反面"。删除部分图层，分别调整"图层1"和"logo"图层组的位置，调整"矩形2"图层图像的大小和位置，如图6-85所示。

图 6 - 84　绘制不规则形状并添加文字　　　　图 6 - 85　删除调整部分图像

（14）单击圆角矩形工具，在属性栏中设置相应参数，在"图层 1"上方绘制多个圆角矩形形状，如图 6 - 86 所示。

（15）在"矩形 3"图层上方新建一个"地图"图层组，使用矩形工具在画面中绘制一个矩形形状，如图 6 - 87 所示。

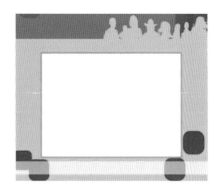

图 6 - 86　制作多个矩形　　　　　　　　图 6 - 87　绘制地图矩形

（16）结合矩形工具和钢笔工具在画面中多次绘制形状，并创建剪贴蒙版，形成路线形状，如图 6 - 88 所示。

（17）使用相同的方法，继续绘制多个路线形状，创建剪贴蒙版并设置图层"不透明度"为 45％，如图 6 - 89 所示。

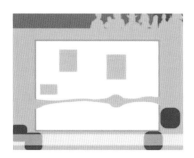
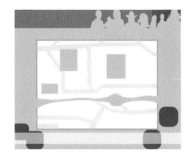

图 6 - 88　绘制路线形状　　　　　　图 6 - 89　绘制多个路线并调整不透明度

（18）单击自定形状工具，在属性栏中设置相应参数后，在画面中绘制一个箭头形状，复制该形状，并结合自由变换命令对其进行水平翻转，如图 6 - 90 所示。

（19）按［Ctrl＋Alt＋Shift＋E］组合键盖印 logo 图层组，得到"logo（合并）"图层。调整图像大小和位置，使用矩形工具在其下方绘制一个矩形形状，如图 6‑91 所示。

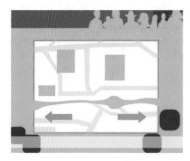
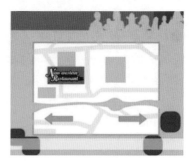

图 6‑90　绘制箭头　　　　　　　　　　图 6‑91　制作 logo

（20）新建一个"文字"图层组，单击横排文字工具，在"字符"面板中设置文字的相关参数，在画面中输入相应文字；使用相同的方法，在画面中多次输入文字并分别调整各文字的大小、位置和颜色，如图 6‑92 所示。至此，本实例制作完成。

图 6‑92　输入文字并调整

6.4　课后练习

1. 本习题设计的是一款旅行社 DM 单，画面中需要表达的文字较多，所以在文字的排版上需谨慎。这里以风景素材为主体，将文字以色块的方式进行区分，方便观者浏览，而且不易产生视觉疲劳。

第 1 步：首先填充一个浅蓝的底色，然后放置一张风景图片，制作出醒目的标题文字效果。

第 2 步：使用"矩形选框工具"绘制出矩形选框，然后分别填充合适的颜色，将画面分块。

第 3 步：输入文字信息，并为标题文字设置较为醒目的颜色，以突出重要信息。

旅行社 DM 单效果

2. 本习题制作的是一款城市生活 DM 单，运用简洁大方的背景配合有设计感的文字表达出广告主题。运用黑色和明亮的黄色进行搭配，形成强烈的视觉效果。在文字设计上，采用了横排和竖排的方式进行排列，突出了重点文字信息，使观者一目了然。

第 1 步：确定画面采用黑色和黄色的对比色，然后导入素材图片。

第 2 步：绘制色块，然后适当降低不透明度，接着导入汽车素材，并将其调整到合适的位置。

第 3 步：完善文字信息，给重点文字选择醒目的黄色，以形成对比。

城市生活 DM 单效果

第7章 宣传画册设计

宣传画册的内涵非常广泛，其设计不但包括封面、封底的设计，而且包括环衬、扉页、内文版式等。宣传画册设计讲求整体感，对设计者而言，尤其需要具备一种把控力。从宣传画册的开本、字体选择到目录和版式的变化，从图片的排列到色彩的设定，从材质的挑选到印刷工艺的求新，都需要做整体的考虑和规划，然后合理调动一切设计要素，将它们有机地融合在一起，服务于内涵。

7.1 宣传画册设计分类

宣传画册设计按照行业分类可分为：

（1）医院画册设计：要求稳重大方、安全、健康，给人以和谐、信任的感觉，设计风格要求大众生活化。

（2）药品画册设计：根据消费对象分为医院用（消费对象为院长、医师、护士等）、药店用（消费对象为店长、导购、在店医生等），用途不同，设计风格要做相应的调整。

（3）医疗器械画册设计：一般从产品本身的性能出发，来体现产品的功能和优点，进而向消费者传达产品的信息。

（4）食品画册设计：从食品的特点出发，来体现视觉、味觉等特点，诱发消费者的食欲。

（5）IT企业画册设计：要求简洁明快并结合IT企业的特点，融入高科技的信息，来体现IT企业的行业特点。

（6）房产画册设计：一般根据房地产的楼盘销售情况做相应的设计，如开盘用、形象宣传用、楼盘特点用等。

（7）酒店画册设计：要求体现高档享受等感觉，在设计时用一些独特的元素来体现酒店的品质。

（8）学校宣传画册设计：根据用途不同大致分为形象宣传、招生、毕业留念册等。

（9）服装画册设计：注重消费者档次及视觉、触觉的需要，同时要根据服装的类型风格不同，采用不同的设计风格，如休闲类、工装类等。

（10）招商画册设计：主要体现招商的概念，展现自身的优势，来吸引投资者的兴趣。

（11）校庆画册设计：要体现喜庆、团圆、美好向上、怀旧的概念。

（12）企业画册年报设计：一般是对企业本年度工作进程的整体展现，设计多为展现大事记，要求要有深厚的文化底蕴。

（13）体育画册设计：时尚、动感是这个项目的特点，根据具体的项目不同，表现也略有不同。

（14）公司画册设计：一般体现公司内部的状况，在设计方面要求比较沉稳。

（15）旅游画册设计：主要展现景区的美感、景观的优越、旅游点的服务设施等，来吸引游客的观光。

7.2　宣传画册的设计理念

在宣传画册设计中，字体的选择与运用首先要便于识别、容易阅读，不能盲目追求效果而使文字失去最基本信息传达的功能。尤其是改变字体形状、结构，运用特技效果或选用书法体、手写体时，更要注意其识别性。整本的宣传画册中，字体的变化不宜过多，要注意所选择的字体之间的和谐统一。标题或提示性的文字可适当变化，内文字体要风格统一。文字的编排要符合人们的阅读习惯，如每行的字数不宜过多，要选用适当的字距与行距。也可用不同的字体编排风格，制造出新颖的版面效果，给读者带来不同的视觉感受。

在宣传画册设计中，图形的运用可起到以下作用：

（1）注目效果。有效地利用图形的视觉效果吸引读者的注意。这种瞬间产生的、强烈的"注目效果"，只有图形可以实现。

（2）看图效果。好的图形设计可准确地传达主题思想，使读者更易于理解和接受它所传达的信息。

（3）诱导效果。猎取读者的好奇心，使读者被图形吸引，进而将视线引至文字。

图形表现的手法多种多样，传统的各种绘画、摄影手法可产生面貌、风格各异的图形图像。尤其是近年来计算机辅助设计的运用，极大地拓展了图形的创作与表现空间。

宣传画册的色彩设计应从整体出发，注重各构成要素之间色彩关系的整体统一，以形成能充分体现主题内容的基本色调，同时考虑色彩的明度、色相、纯度各因素的对比与调和关系。设计者对于主体色调的准确把握，可帮助读者形成整体印象，更好地理解主题。同时，设计上既要注意典型的共性表现，也要表达自己的个性，如果所用色彩流于雷同，就失去了新鲜的视觉冲击力。这就需要在设计时打破各种常规或习惯用色的限制，勇于探索，根据表现的内容或产品特点，设计出新颖、独特的色彩格调。

总之，宣传画册的设计既要从宣传品的内容和产品的特点出发，有一定的共性，又要在同类设计中标新立异，有独特的个性，这样才能加强识别性和记忆性，达到良好的视觉效果。

页码较少、面积较小的宣传画册，在设计时应使版面特征醒目，色彩及形象要明确、突出，主要文字可适当大一些；页码较多的宣传画册，由于要表现的内容较多，为了实现统一，整体感觉上编排方面要注意网格结构的运用，强调节奏的变化关系，保留一定量的空白，色彩之间的关系应保持整体的协调、统一。

7.3　优秀案例

7.3.1　旅游景区宣传画册设计

本实例制作的是景区宣传画册的封面和里页。

封面设计思路分析：

封面将标题作为关键要素放置在重要位置，尾页强调有效信息和"七彩云南"简略介绍，设计偏简约，高亮度显示景区特色，追求强的吸引力和信息的展示。

主要使用工具：

文字工具、笔刷、剪贴蒙版、图层不透明度、图层样式、亮度/饱和度。

最终效果

操作步骤：

（1）启动 Photoshop，然后按［Ctrl＋N］组合键，新建一个"游景区宣传画册设计"文件，具体参数设置如图 7-1 所示。

（2）添加纸质花纹背景图层，图层"不透明度"设置为 70％，如图 7-2 所示。

图 7-1　新建文件

图 7-2　添加素材

（3）新建图层，使用画笔工具，绘制草纸纹理，转换为矢量智能对象图层，图层"不透明度"设置为 40％，如图 7-3 所示。

（4）添加参考线，放置其正中间，如图 7-4 所示。

图 7-3　画笔绘制草纸纹理

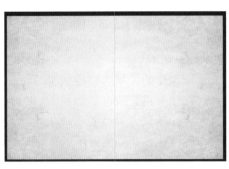

图 7-4　添加参考线

（5）新建一个图层，使用画笔工具，选择笔刷，在画面右上方绘制泼墨效果，右键单击图层将图层转换为智能对象，如图 7-5 所示。

图 7-5 画笔绘制泼墨

（6）单击文件，置入嵌入对象，选择素材"建筑 01. jpg"，置入，单击上方勾号完成置入，如图 7-6、图 7-7 所示。

图 7-6 置入嵌入对象　　　　　　　　　　图 7-7 添加素材

（7）选中图片素材的图层，单击鼠标右键，单击创建剪贴蒙版即可将图片嵌入到图形中，如图 7-8 所示。

图 7-8 创建剪切蒙版

（8）单击调整菜单，将"亮度"调整为 27，如图 7-9、图 7-10 所示。

图 7-9　亮度/对比度

图 7-10　调整效果

（9）添加文字图层，输入文字"云南"，颜色为（R7、G100、B165）。字体：X OTF-Haolong，如图 7-11、图 7-12 所示。

图 7-11　文字面板

图 7-12　输入文字

（10）添加文字图层，输入"旅游指南"，字体：X OTFHaolong，如图 7-13、图 7-14 所示。

图 7-13　文字面板

图 7-14　输入文字

（11）添加图层混合样式，鼠标右键单击图层或左键双击图层空白处即可打开混合样式菜单，选择描边，图案叠加，投影，如图 7-15～图 7-18 所示。

图 7 - 15 描边图层样式

图 7 - 16 图案叠加图层样式

图 7 - 17 投影图层样式

图 7 - 18 应用图层样式效果

（12）添加文字图层，输入"THE TRAVEL GUIDE"，字体：FZLTCHJW，如图 7 - 19、图 7 - 20 所示。

图 7 - 19 文字面板

图 7 - 20 添加文字

（13）添加竖排文字图层，输入"七彩云南"，将字体放置于画面左侧，只露出半边字，字体：X OTFHaolong，如图 7 - 21、图 7 - 22 所示。

图 7 - 21 文字面板

图 7 - 22 输入文字

（14）添加文字图层，输入：

云南，简称云（滇），省会昆明，位于中国西南的边陲，是人类文明重要发祥地之一。生活在距今 170 万年前的云南元谋人，是截至 2013 年为止发现的中国和亚洲最早人类。

战国时期，这里是滇族部落的生息之地。云南即"彩云之南""七彩云南"，另一说法是因位于"云岭之南"而得名。面积 39 万平方千米，占全国面积 4.11%，在全国各省级行政区中面积排名第 8。总人口 4 596 万（2010 年），占全国人口 3.35%，人口排名为第 12 名。下辖 8 个市、8 个少数民族自治州。

颜色为（R88、G88、B88）。字体：FZLTCHJW，调整至合适位置，完成如图 7 - 23、图 7 - 24 所示。

图 7 - 23　文字面板

图 7 - 24　添加文字信息

里页设计思路分析：

里页同样展示景区风貌为主，色调高亮度高饱和，标题说明景点有效信息，配合多张景区图片介绍，留出一部分放置景区说明。不完全对称的构图彰显活力。

主要使用工具：

文字工具、圆角矩形工具、剪切蒙版、色彩平衡、自由变换。

最终效果

操作步骤：

（1）按［Ctrl＋N］组合键新建一个"游景区宣传画册 p3 - p4"文件，具体参数如图 7 - 25 所示。

（2）添加草纸纹理背景图层，图层"不透明度"设置为 70%，如图 7 - 26 所示。

图 7 - 25　新建文件

图 7 - 26　添加纹理

（3）添加素材"笔墨"与"02"，在图片图层右键选中"创建剪贴蒙版"，得到裁剪形状的图片，如图 7 - 27 所示。

（4）添加副标题，用"＼"间隔标题与副标题，字体："方正兰亭粗黑简体"，置于合适的位置，如图 7 - 28 所示。

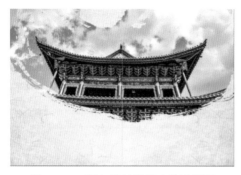

图 7 - 27 添加素材并创建剪贴蒙版

图 7 - 28 添加文字

（5）添加素材"丽江"，置于副标题左边，调整至合适大小，调整色彩平衡，使其融入画面，如图 7 - 29、图 7 - 30 所示。

图 7 - 29 色彩平衡

图 7 - 30 添加素材

（6）添加副标题 2，字体为黑体，摆放至标题下方，与"丽江"左对齐，如图 7 - 31 所示。

（7）添加介绍文字，置于画面右侧，字体："方正兰亭黑简体"，如图 7 - 32 所示。

图 7 - 31 添加副标题

图 7 - 32 添加介绍文字

（8）添加素材"祥云"，绘制三个圆角矩形，将素材"03""04""05"按照步骤（3）的方法添加图案装饰，如图 7 - 33 所示。

（9）添加素材"画"，置于介绍文字下方，图层"不透明度"调整为 25％，完成如图 7 - 34 所示。

图 7 - 33 添加图案装饰

图 7 - 34 添加素材

7.3.2 茶文化宣传画册设计

该实例包括茶文化宣传画册封面及里页设计。

封面设计思路分析：

茶文化宣传画册封面设计情感上体现"禅意" "安静"的感觉，用充满茶元素的图片表现此册子宣传茶文化的意图。同时，为了册子的工整裁掉一部分标题，构图上也仿照了中国山水画的形式。

主要使用工具：

文字、裁剪、路径查找器、自由变换。

操作步骤：

最终效果

（1）启动 Photoshop，然后按［Ctrl＋N］组合键新建一个"游景区宣传画册设计"文件，具体参数设置如图 7 - 35 所示。

（2）添加草纸纹理背景，如图 7 - 36 所示。

图 7 - 35 新建文件

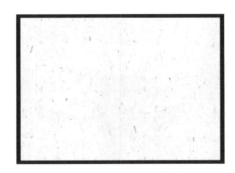

图 7 - 36 添加草纸纹理

（3）添加蒙版，遮住右侧画面，如图 7 - 37 所示，复制纹理背景图层，通过同样操作得到遮住左侧画面的图像，两者合并。

（4）添加素材"茶杯"，置于画面右下方，如图 7 - 38 所示。

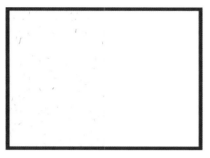

图 7 - 37　添加蒙版

图 7 - 38　添加茶杯

（5）添加文字文本框，输入"一"作为间隔，置于画面右边，如图 7 - 39 所示。

（6）添加文字文本，置于隔断之上，画面右边，如图 7 - 40 所示。

图 7 - 39　输入间隔线

图 7 - 40　添加文字

（7）添加素材文件"标题"，建立一个矩形，同时选中素材图层和矩形图层，在路径查找器中选择"去除上层图形"按钮，得到裁剪过的标题，如图 7 - 41、图 7 - 42 所示。

图 7 - 41　绘制矩形

图 7 - 42　裁剪文字

（8）添加尾页文字，设置竖排文本框，如图 7 - 43 所示。

（9）添加素材"茶叶""印章"置于合适位置，完成作品如图 7 - 44 所示。

图 7 - 43　添加尾页文字

图 7 - 44　添加素材

113

里页设计思路分析：

里页文字阅读顺序复古设计，体现茶文化的历史悠久，展示与茶有关的图像和山水画等元素，体现茶文化"禅意""写意"，提升档次，不同几何图形的安插体现理性美，再用写实图片打破，丰富画面层次。排版适合翻阅。

主要使用工具：

竖排文本框、图层"不透明度"、椭圆工具、剪切蒙版。

最终效果

操作步骤：

（1）按［Ctrl＋N］组合键建立新的 psd 文件，如图 7 - 45 所示。

（2）添加素材"茶叶 1"，如图 7 - 46 所示。

图 7 - 45　新建文件

图 7 - 46　添加茶叶 1

（3）添加素材"水墨"，图层"不透明度"设置为 70％，如图 7 - 47 所示。

（4）添加竖排文本框，置于画面左下角，输入落款文字，顺序为从左至右，从上至下，如图 7 - 48 所示。

图 7 - 47　添加水墨

图 7 - 48　添加竖排文字

（5）添加圆形形状工具，绘制一个圆形；将要嵌入的素材图片"03"使用"文件"→"置入嵌入对象"，调整到合适位置，如图 7 - 49、图 7 - 50 所示。

图 7－49　绘制圆形

图 7－50　添加素材

（6）右键选中图像图层，选择"创建剪切蒙版"，得到一个被裁减的图像，如图 7－51 所示。

（7）使用同样的方式将素材"04"制作圆形 2，如图 7－52 所示。

图 7－51　创建剪切蒙版

图 7－52　创作圆形 2

（8）添加素材"茶叶 2""简笔画""封面""勺子"图片至合适位置，如图 7－53 所示。

（9）添加建立竖排文本框，输入小标题"静""空""韵"，对齐三个黑点，如图 7－54 所示。

图 7－53　添加素材

图 7－54　添加三个黑点

7.3.3　光伏企业宣传画册设计

本实例制作的是光伏企业宣传画册封面及里页。

封面设计思路分析：

采用对称式构图和扁平化 UI 设计，体现科技与理性属性，几何图形的元素使用较多，排版整齐、简约大气。颜色上以冷色为主，体现理性的特征。

主要使用工具：

渐变、文本、图层蒙版、填充、对齐。

操作步骤：

最终效果

（1）按［Ctrl＋N］组合键新建一个"光伏企业宣传画册封面"文件，具体参数设置如图 7‐55 所示。

（2）添加灰色背景，如图 7‐56 所示。

图 7‐55　新建文件

图 7‐56　填充灰色

（3）选择渐变工具，填充方式选为"径向"不透明度渐变；拖动右边画面，得到一个渐变的背景填充效果，如图 7‐57、图 7‐58 所示。

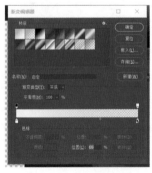

图 7‐57　渐变

图 7‐58　渐变填充

（4）选中图层，图层窗口添加图层蒙版，选中蒙版，使用选区工具，选中要遮盖的左半部分，按［Shift＋F5］组合键填充，内容为黑色，确定即可遮盖住左边部分，如图 7－59 所示。

（5）按照如上步骤，制作另一半画面的效果，如图 7－60 所示。

图 7－59 添加编辑图层蒙版

图 7－60 制作另一半

（6）添加文本，输入"墨羽光能"，如图 7－61 所示。

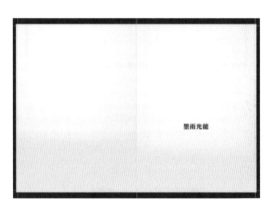

图 7－61 输入文字

（7）新建文字图层，输入副标题，对齐标题，如图 7－62、图 7－63 所示。

图 7－62 输入副标题

图 7－63 文字面板

（8）复制两行文字，缩小后放置于尾页合适的位置，如图 7－64 所示。

（9）添加有效信息，尾页下方填写名称、地址、客服等信息，首页正下方公司名字居中，如图 7－65 所示。

图 7 - 64　复制缩小　　　　　　　　　　　　图 7 - 65　添加其他信息

（10）添加素材图片"logo""logo1""光伏"到合适位置，如图 7 - 66 所示。

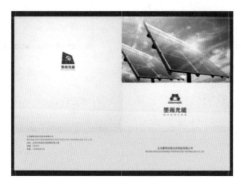

图 7 - 66　添加素材

（11）添加建立一个矩形，选择图 7 - 67 中第四类第三个填充效果，填色后按［Ctrl＋T］组合键自由变换，右键选择扭曲，拖动操作点，使其变成一个直角梯形，效果如图 7 - 68 所示。

图 7 - 67　填充　　　　　　　　　　　　图 7 - 68　添加矩形及效果

（12）按照上一步制作另一个矩形，完成如图 7 - 69 所示。

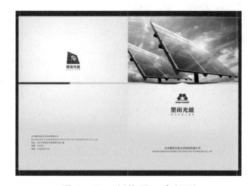

图 7 - 69　制作另一个矩形

最终效果

里页设计思路分析：

里页主要体现实用性，装饰性减弱，需要有明确的标题、二级标题、序号。本页展示文字要素较多，用图片用来配合文字说明。举例图使用圆角矩形使画面丰富，不显呆板。

主要使用工具：

文本框、矩形、圆角矩形、裁剪、渐变、剪切蒙版、对齐。

操作步骤：

（1）按［Ctrl＋N］组合键新建一个"光伏企业宣传画册 p9－p10"文件，具体参数如图 7－70 所示。

（2）将素材图片"02"导入画布，裁剪至合适尺寸，置于画布上方，如图 7－71 所示。

图 7－70　新建文件

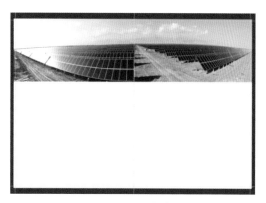

图 7－71　添加素材

（3）添加本页标题于左侧，中文字体为"微软雅黑"，英文字体为"方正中等线简体"，如图 7－72 所示。

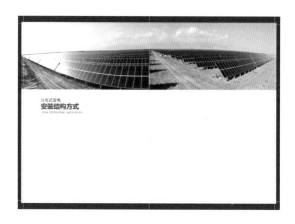

图 7－72　添加文字

（4）添加本页导语于标题下方，如图 7－73、图 7－74 所示。

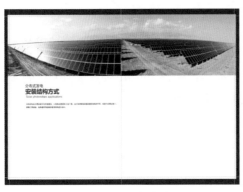

图 7-73　添加文字　　　　　　　　图 7-74　文字面板

（5）选择圆角矩形工具，建立一个高 3.1 cm，宽 4.4 cm，半径 40 像素的圆角矩形，如图 7-75 所示。

（6）添加素材图片，添加剪切蒙版，得到裁剪好的图片，如图 7-76 所示。

图 7-75　绘制圆角矩形　　　　　　图 7-76　添加素材

（7）添加说明文字，标题前添加一个正方形；新建组，将这几个元素的图层划入组内，如图 7-77～图 7-79 所示。

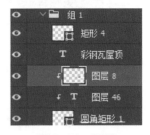

图 7-77　添加说明文字　　　图 7-78　配图　　　图 7-79　图层

（8）根据以上方法，制作其余三个组，如图 7-80 所示。

图 7-80　制作其余三组

（9）画面左下角添加页码，设置及效果如图 7 - 81、图 7 - 82 所示。

图 7 - 81 文字面板

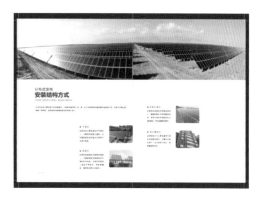

图 7 - 82 左下角添加页码

（10）建立一个与画布等高的矩形，填充改为线性透明度渐变填充，顺时针旋转30°，如图 7 - 83、图 7 - 84 所示。

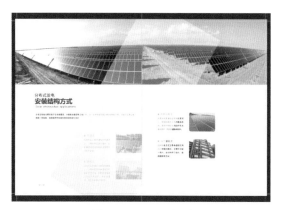

图 7 - 83 画一矩形

图 7 - 84 渐变

（11）将矩形拖至左上角，复制这个矩形，再拖至右下角，如图 7 - 85 所示。

（12）建立一个矩形，按［Ctrl＋T］组合键自由变换，右键勾选扭曲，调整其顶点，使其成为一个直角梯形，如图 7 - 86 所示。

图 7 - 85 复制矩形拖至右下角

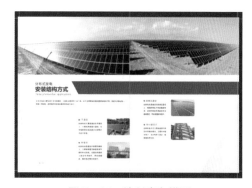

图 7 - 86 绘制直角梯形

（13）复制梯形形状，再进行自由变换，渐变改成线性渐变，如图 7 - 87、图 7 - 88 所示。

图 7 - 87　复制直角梯形　　　　　　　　　图 7 - 88　渐变

7.3.4　时光纪念画册设计

此实例包括时光纪念画册封面及里页设计。

封面设计思路分析：

时光纪念册封面标题醒目居中，色调偏暗偏低饱和度，展现"回忆"属性。此实例功能性较强，装饰辅助于功能，排版比较写意。

主要使用工具：

文本框、图层"不透明度"、图层蒙版、填充。

最终效果

操作步骤：

（1）创建新文件，参数如图 7 - 89 所示。

（2）打开素材"01"，添加杂点花纹背景图层，如图 7 - 90 所示。

图 7 - 89　新建文件　　　　　　　　　　　图 7 - 90　添加素材

（3）打开素材"山水"，放置到左上角合适的位置，添加渐变图形蒙版，将图层"不透明度"调整至 22％，如图 7－91、图 7－92 所示。

图 7－91　添加山水素材

图 7－92　调整不透明度

（4）打开素材"02"，添加树枝素材，放置到右上角合适的位置，如图 7－93 所示。

图 7－93　添加树枝素材

（5）添加素材"人影"至右下角，选中图片图层，图层窗口添加图层蒙版，选中蒙版，使用选区工具，选中要遮盖的部分，按〔Shift＋F5〕组合键填充，内容为前景色，确定即可遮盖住左边部分，如图 7－94、图 7－95 所示。

图 7－94　添加人影

图 7－95　添加图层蒙版

（6）添加文字当作岛屿，如图 7－96 所示。

（7）用直线工具添加直线在岛屿上面，如图 7－97 所示。

图 7－96　添加文字

图 7－97　添加直线

（8）打开素材文件"03"，添加树叶，放置到合适的位置，再将素材复制一个图层，按〔Ctrl+T〕组合键进行缩放变换旋转成合适的样子，如图7-98、图7-99所示。

图7-98　添加树叶

图7-99　复制树叶

（9）打开素材"04"，添加文字"致青春"，并复制一个到页末，放置到合适的位置，如图7-100所示。

（10）用如上方式，打开素材"05"，添加文字，并复制一个到页末，放置到合适的位置，如图7-101所示。

图7-100　添加文字

图7-101　添加文字

（11）创建三段文字在"致青春"下方，将其中"西安交通大学"的字符颜色调整为（R134、G19、B19），如图7-102所示。

（12）用直线工具添加纵向直线穿插在"西安交通大学"字符之中，效果如图7-103所示。

图7-102　继续添加文字

图7-103　添加纵向直线

（13）打开素材"06"，添加祥云，放置到页首"致青春"字体的左侧位置，如图7-104所示。

图7-104　添加祥云

里页设计思路分析：

里页设计色调饱和度和亮度偏低，以黄绿色为主色调，体现"青春"属性，阅读顺序复古，体现"过去"属性。左右下角装饰使画面饱满，图案框左上右下的不规则装饰打破几何图形的呆板，给画面增添活力。

主要使用工具：

竖排文本框、剪切蒙版、选择、渐变、复制。

最终效果

操作步骤：

（1）创建新文件，参数如图 7-105 所示。

（2）打开素材"里页素材\01"，添加纸质花纹背景图层，如图 7-106 所示。

图 7-105　新建文件　　　　　　　　　　　　图 7-106　添加纸质花纹

（3）打开素材"里页素材\02"，添加草地素材，放置到最下方位置后，复制素材拼接到一起，如图 7-107 所示。

（4）打开素材"里页素材\03"，添加绿叶素材 03，放置到下方位置后，复制素材拼接到一起，如图 7-108 所示。

图 7-107　添加草地　　　　　　　　　　　　图 7-108　添加绿叶

（5）添加素材"里页素材\04"，选中蜗牛以外区域，右键反向选择，建立选区，填充为线性渐变填充，置于蜗牛图层下方，如图 7-109 所示。

（6）用同样方式打开素材"里页素材 \ 05"添加绿叶 05，如图 7 - 110 所示。

图 7 - 109　添加蜗牛

图 7 - 110　添加绿叶素材

（7）在画布空旷处用矩形工具创建颜色（R98、G98、B98）的矩形，再复制矩形通过按〔Ctrl＋T〕组合键缩小变换，改为白色，将白色的矩形叠在原图形上方，如图 7 - 111 所示。

（8）打开素材"里页素材 \ 06"，添加照片素材，将照片放置在白色矩形上方，右键素材图层，选择创建剪切蒙板，如图 7 - 112 所示。

图 7 - 111　绘制矩形

图 7 - 112　添加剪切蒙版素材

（9）如上，同样方式做出其余图片框，如图 7 - 113 所示。

（10）打开素材"里页素材 \ 14（1）""里页素材 \ 14（2）"，添加造型素材，分别放置到照片左右方位置，如图 7 - 114 所示。

图 7 - 113　制作其余图片框

图 7 - 114　添加造型素材

（11）创建纵向文本时光，右键单击混合模式调整参数，将字符放置到右侧空旷处，如图 7 - 115、图 7 - 116 所示。

图 7 - 115　图层样式

图 7 - 116　创建纵向文本

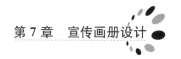

（12）如上，同种方式创建纵向英文字符，如图 7－117 所示。

（13）打开素材"里页素材 \ 15"，添加素材，如图 7－118 所示。

图 7－117　创建纵向英文字符

图 7－118　添加素材

（14）从右往左创建纵向文本，放置在英文后方，如图 7－119 所示。

（15）新建一个图层，使用画笔工具，选择笔刷，在画面右上方绘制泼墨效果，右键单击图层将图层转换为智能对象，如图 7－120 所示。

图 7－119　添加其他纵向文本

图 7－120　画笔输出泼墨效果

（16）单击文件，置入嵌入对象，选择"里页素材 \ 16"，置入，单击上方勾号完成置入。选中图片素材的图层，单击鼠标右键，单击创建剪贴蒙版即可将图片嵌入到图形中，如图 7－121 所示。

（17）如上，添加文字素材"里页素材 \ 17""里页素材 \ 18"，放置到右上角，如图 7－122 所示。

图 7－121　添加剪切蒙版素材

图 7－122　添加其他素材

（18）创建与背景等高矩形，矩形填充选择透明渐变效果，将矩形放置到图像二分之一处，如图 7－123 所示。

图 7－123　创建透明渐变效果

127

7.3.5　美容机构宣传画册设计

此实例包括美容机构宣传画册封面及里页设计。

封面设计思路分析：

封面竖版阅读的尺寸，把文字信息压缩至四分之一的面积，文字信息密集但主次有序，保证视线浏览顺序第一是面积最大的女性，第二是规则矩形内的文字信息。将背景的女性脸部模糊化是为了使视线不要停留于图片时间过长。尾页写满有效信息，在外观上把各种广告要素集齐。

最终效果

主要使用工具：

选区、抠像、高斯模糊、矩形、图层样式、对齐。

操作步骤：

（1）启动 Photoshop，建立一个宽 219 mm、高 215 mm 的画布，如图 7-124 所示。

（2）单击"视图"→"新建参考线"（快捷键 E）将参考线拖在画布的正中间，如图 7-125 所示。

图 7-124　新建文件

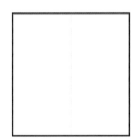

图 7-125　添加参考线

（3）新建图层 1，选择素材"素材 1"，导入后按［Ctrl＋T］组合键拖到参考线的右侧，如图 7-126 所示。

（4）新建图层 2，用套索工具（快捷键 L）抠出素材 1 中人物的脸部五官，再添加"滤镜"→"模糊"→"高斯模糊 4.0"，如图 7-127 所示。

图 7-126　添加素材

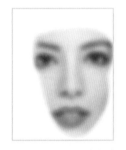

图 7-127　应用模糊滤镜

（5）新建一个矩形，放在素材 1 人物的下方，添加渐变叠加的图层样式，如图 7-128、图 7-129 所示。

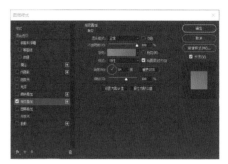

图 7 - 128　新建矩形　　　　　　　　　图 7 - 129　叠加图层样式

（6）新建一个矩形，添加描边的图层样式，如图 7 - 130 所示。

（7）直线绘制矩形缺边框，如图 7 - 131 所示。

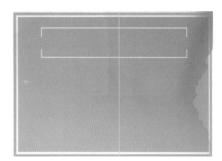

图 7 - 130　添加描边矩形　　　　　　　图 7 - 131　绘制缺边框

（8）添加文字，字体"微软雅黑"，如图 7 - 132 所示。

（9）添加素材"logo"图案，并在两者中间绘制矩形隔断，如图 7 - 133 所示。

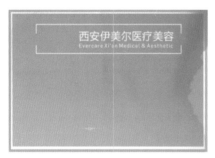

图 7 - 132　添加文字　　　　　　　　　图 7 - 133　添加 logo

（10）添加剩余文字，居中摆放，如图 7 - 134 所示。

图 7 - 134　添加剩余文字

（11）新建图层，打开素材"logo"，将 logo 添加渐变叠加的图层样式，如图 7 - 135、图 7 - 136 所示。

图 7 - 135　添加素材

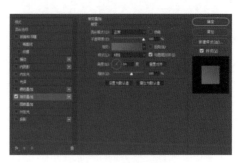

图 7 - 136　渐变叠加

（12）用横排文字工具和直排文字工具，输入画面上的文字信息，调整好文字的位置、大小，如图 7 - 137 所示。

（13）添加素材中的二维码"01""02"，摆放至辅助线两边，如图 7 - 138 所示。

（14）添加剩余要素，如图 7 - 139 所示。

图 7 - 137　添加文字信息

图 7 - 138　添加二维码

图 7 - 139　添加剩余要素

里页设计思路分析：

本页突出"双眼皮手术"信息，左半页抛出问题，右半页解决问题，符合人的阅读顺序和心理变换过程。图片将眼睛部分突出，文字也强调眼睛元素，有效的信息放置于阅读顺序前面，辅之数据增强说服力，出现的图案实用性大于装饰性。

主要使用工具：

裁剪、文本框、图层样式、矩形、多边形、旋转、复制、图层"不透明度"、对齐。

最终效果

操作步骤：

（1）创建新文件，参数如图 7－140 所示。

（2）打开素材"1"，添加人像素材，调整"不透明度"为 46％，放置在画布左侧，如图 7－141 所示。

图 7－140 新建文件

图 7－141 添加素材并调整不透明度

（3）复制素材文件在原素材上方，用矩形框选工具框选眼睛部分，右键反向选择，删除选中部分，将余下部分的"不透明度"调整为 100％，如图 7－142 所示。

（4）从左向右创建横向 corbel 体英文，右键混合模式调整参数，放置在人像下方，如图 7－143、图 7－144 所示。

图 7－142 复制素材
并删除部分

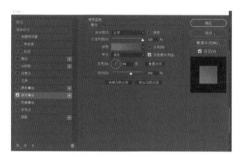

图 7－143 图层样式

图 7－144 添加文字

（5）创建相关文字，标题居中于右侧参考线，标题旁使用矩形和多边形库中的星形装饰，左侧文字居左，如图 7－145 所示。

（6）右上角导入素材"2"，缩放至合适位置大小，如图 7－146 所示。

图 7－145 继续添加文字

图 7－146 添加素材

（7）创建矩形，下方写标题与副标题，在矩形内创建文字标题，全部居左，如图 7－147、图 7－148 所示。

图 7－147　创建矩形　　　　　　　　　　　　图 7－148　矩形内添加文字

（8）导入素材"矢量智能对象"，放置于标题下方，如图 7－149 所示。

（9）创建圆形图形，右边输入结果，新建文字图层，在圆形图形中间输入序号，字体为黑体，将图层编组以便于管理，如图 7－150 所示。

图 7－149　添加矢量对象　　　　　　　　　图 7－150　创建圆形序号

（10）按照以上方法制作剩余选项，留出百分比柱状图的空间，如图 7－151 所示。

（11）创建描边矩形，不填充，并复制三份，如图 7－152 所示。

图 7－151　复制序号　　　　　　　　　　　图 7－152　创建复制矩形

（12）创建填充颜色矩形，与下方空心矩形左边对齐，同样制作三份，表示数据百分比，如图 7－153 所示。

（13）创建三角形与矩形，正三角形顺时针旋转30°，复制三份对齐百分比柱状图，如图 7－154 所示。

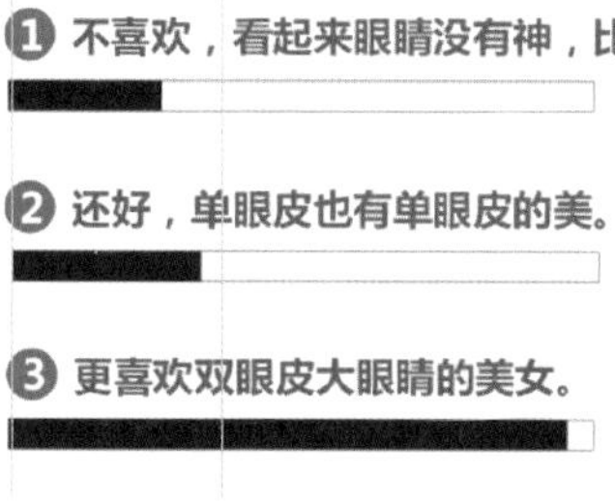

❶ 不喜欢，看起来眼睛没有神，比较呆板！

❷ 还好，单眼皮也有单眼皮的美。

❸ 更喜欢双眼皮大眼睛的美女。

图 7 - 153　制作百分比

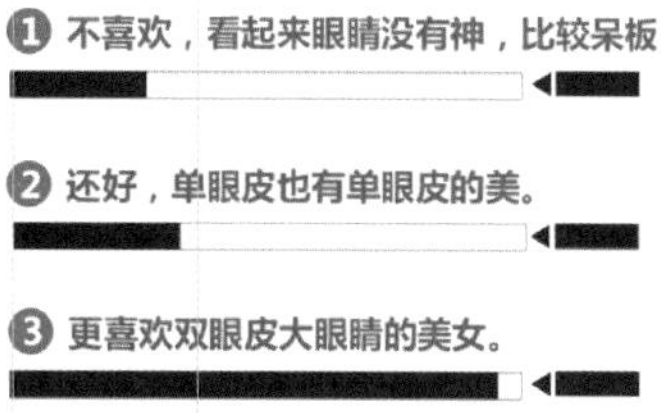

❶ 不喜欢，看起来眼睛没有神，比较呆板！

❷ 还好，单眼皮也有单眼皮的美。

❸ 更喜欢双眼皮大眼睛的美女。

图 7 - 154　创建复制三角形和矩形

（14）创建文字图层，将选票信息填入框内，如图 7 - 155、图 7 - 156 所示。

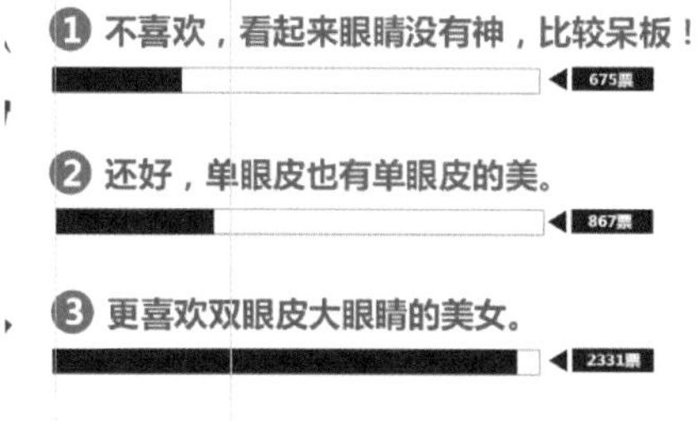

❶ 不喜欢，看起来眼睛没有神，比较呆板！　　675票

❷ 还好，单眼皮也有单眼皮的美。　　867票

❸ 更喜欢双眼皮大眼睛的美女。　　2331票

图 7 - 155　添加文字

图 7 - 156　效果图

7.4　课后练习

1. 本习题是一本同学纪念册的设计，用宣传画册的形式记录校园生活，留下美好回忆。画面中需要排列的图片内容较多，所以在版式设计上需考究。这里以风景、肖像素材为主体，将文字以团块化的方式进行排版，与图片形成统一的视觉效果；同时每页的图片数量不宜过多，避免读者出现视觉疲劳；颜色搭配以绿色为主，清新自然，符合校园生活的主旋律。

制作过程：

第 1 步：首先设置画布大小，填充浅绿色作为底色，添加枫叶等素材制作封面，对"同学纪念册"主体文字进行字体设计，置于封面中心。

第 2 步：设置里页的画布大小，将里页素材置入在四周并调整位置，使用"矩形选框工具""矩形工具"等绘制出照片、文字的摆放位置。

第 3 步：将照片置入相应的位置，并做边框处理；在文字位置输入对应的文字内容。

同学纪念册效果

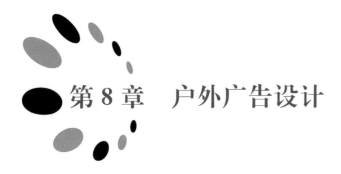

第8章 户外广告设计

户外广告（outdoor advertising），一般指设置在户外，利用公共或自有场地的建筑物、空间或利用交通工具等形式设置、悬挂、张贴的广告。

8.1 什么是户外广告

常见的户外广告有：路边广告牌、高立柱广告牌、灯箱、霓虹灯广告牌、LED 看板等，现在甚至有升空气球、飞艇等先进的户外广告形式。

8.2 户外广告的设计理念

户外广告的对象是动态中的行人，行人通过可视的广告形象来接受商品信息，所以户外广告设计要考虑距离、视角、环境三个因素。

户外广告的设计理念包括：

（1）独特性。在空旷的大广场和马路的人行道上，受众在 10 米以外的距离，看高于头部 5 米的物体比较方便。所以说，设计的第一步要根据距离、视角、环境三因素来确定广告的位置、大小。常见的户外广告一般为长方形、方形，我们在设计时要根据具体环境而定，使户外广告外形与背景协调，产生视觉美感。形状不必强求统一，可以多样化，大小也应根据实际空间的大小与环境情况而定。

（2）提示性。既然受众是流动着的行人，那么在设计中就要考虑到受众经过广告的位置、时间。烦琐的画面，行人是不愿意接受的，只有出奇制胜地以简洁的画面和揭示性的形式引起行人注意，才能吸引受众观看广告。所以户外广告设计要注重提示性，图文并茂，以图像为主导，文字为辅助，使用文字要简单明快忌冗长。

（3）简洁性。简洁性是户外广告设计中的一个重要原则，整个画面乃至整个设施都应尽可能简洁。设计时要独具匠心，始终坚持在少而精的原则下去冥思苦想，力图给观众留有充分的想象余地。要知道消费者对广告宣传的注意值与画面上信息量的多少成反比。画面形象越繁杂，给观众的感觉越紊乱；画面越单纯，消费者的注意值也就越高。这正是简洁性的有效作用。

（4）计划性。设计者在进行广告创意时，首先要进行市场调查、分析、预测，在此基础上制订出广告的图形、语言、色彩、对象、宣传层面和营销战略。广告一经发布于社会，不仅会在经济上起到先导作用，同时也会作用于意识领域，对现实生活起到潜移默化的作用。

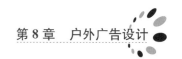

（5）遵循图形设计的美学原则。在户外广告中，图形最能吸引人们的注意力，所以图形设计在户外广告设计中尤其重要。图形可分广告图形与产品图形两种形态。广告图形是指与广告主题相关的图形（人物、动物、植物、器具、环境等），产品图形则是指要推销和介绍的商品图形，为的是重现商品的面貌风采，使受众看清楚它的外形和内在功能特点。因此在图形设计时要力求简洁醒目。图形一般应放在视觉中心位置，这样能有效地抓住观者视线，引导他们进一步阅读广告文案，激发共鸣。除了图形设计以外，还要配以生动的文案设计，这样才能体现出户外广告的真实性、传播性、说服性和鼓动性的特点。

8.3　优秀案例

8.3.1　可乐站牌广告设计

设计思路分析：

本实例作品主要表现神秘魔幻的画面效果，利用图像素材、烟雾效果以及具有动感的小物体，体现一种神秘与自由的气息，给人无尽的联想。

最终效果

主要使用工具：

图层蒙版、画笔工具、自定形状工具、钢笔工具、图层混合模式、自由变换命令、"描边"图层样式等。

操作步骤：

（1）按［Ctrl＋N］组合键，打开"新建"对话框，设置"名称"为"可口可乐"，"宽度"为 15.67 厘米，"高度"为 10.8 厘米，单击"确定"按钮，创建一个新的图像文件，如图 8-1 所示。

（2）执行"文件"→"打开"命令，打开素材"背景.jpg"文件。单击"移动工具"按钮，将"背景"图像拖曳至当前图像文件中，并调整图像位置，将新图层命名为"背景"，如图 8-2 所示。

图 8-1　新建文件

图 8-2　添加背景素材

（3）打开素材"草地.jpg"文件，单击移动工具，将"草地"图像拖曳至当前图像文件中，将新图层重命名为"草地"，通过自由变换调整图像位置及大小，如图 8-3 所示。

（4）选择"草地"图层，单击"图层"面板下方的"添加图层蒙版"按钮，为"草地"图层添加蒙版；选择图层蒙版，利用画笔工具在图像上涂抹，将多余的草地隐藏，如图 8-4 所示。

图 8-3　添加草地素材

图 8-4　添加图层蒙版隐藏多余部分

（5）复制多个"草地"图层，结合使用减淡工具与加深工具在"草地"图像上涂抹，使草地更饱满，如图 8-5、图 8-6 所示。

图 8-5　图层

图 8-6　复制多个草地

（6）打开素材"草地2.jpg"文件，选择移动工具，将"草地2"图像拖曳至当前图像文件中，并将新图层重命名为"草地2"，通过自由变换调整图像位置及大小，如图 8-7、图 8-8 所示。

图 8-7 草地 2 素材

图 8-8 添加草地 2 素材

（7）使用减淡工具与加深工具在"草地 2"图层上涂抹，使草地显得更自然。单击"图层"面板下方的"添加图层蒙版"按钮，为"草地 2"图层添加图层蒙版，如图 8-9 所示。

（8）结合画笔工具在"草地 2"图层上涂抹，将多余的草地隐藏，然后复制多个"草地 2"图层，如图 8-10 所示。

图 8-9 减淡加深工具涂抹草地 2

图 8-10 隐藏多余草地

（9）选择移动工具，调整"草地 2"副本图层在图像中的位置，采用相同的方法，使用画笔工具对图像涂抹，将多余的草地隐藏，如图 8-11 所示。同时，为了使草地更自然，利用减淡工具与加深工具对草地局部进行减淡与加深处理，新建图层并命名为"草地 3"。

（10）选择画笔工具，选择用于绘制草的画笔笔刷，设置前景色为（R124、G141、B3），背景色为（R11、G57、B0），然后在图像上绘制，绘制时结合键盘上的【键与】键调整画笔的大小，如图 8-12 所示。

图 8-11 复制草地 2 进行编辑

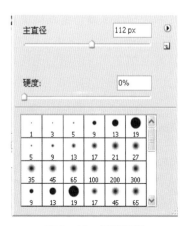

图 8-12 画笔面板

（11）打开素材"人物.jpg"文件，选择移动工具中，将"人物"图像拖曳至当前图像文件中，并将新图层重命名为"人物"，通过自由变换调整图像的大小及位置关系，如图 8-13 所示。

（12）为"人物"图层添加图层蒙版，选择"人物"图层的图层蒙版，使用画笔工具在图像上涂抹，隐藏多余的背景图像，如图 8-14 所示。

图 8-13　添加人物素材　　　　　　　　图 8-14　添加图层蒙版隐藏多余图像

（13）打开素材"气泡.png"文件，利用移动工具，将"气泡"图像拖曳至当前图像文件中，将新图层重命名为"气泡"，如图 8-15 所示。

（14）按住 Ctrl 键的同时单击"气泡"图层缩览图，建立"气泡"图层选区，填充选区颜色为白色，然后取消选区；设置图层混合模式为"点光"；单击"图层"面板下方的"创建新组"按钮，新建图层组并将其重命名为"装饰物"，如图 8-16 所示。

图 8-15　添加气泡　　　　　　　　　　图 8-16　制作气泡装饰物

（15）打开素材"装饰物.png"文件，选择套索工具，选择"装饰物"图像中的"可乐瓶"，然后利用移动工具，将其拖曳到"可口可乐"图像文件中，通过自由变化对图像进行旋转与缩放，如图 8-17 所示。

（16）复制多个"可乐瓶"图层，调整图像的大小及位置关系。分别将其他装饰物移至当前图像文件中，通过自由变换调整图像的大小及位置关系，如图 8-18 所示。

图 8-17　添加装饰物可乐瓶　　　　　　图 8-18　复制调整多个可乐瓶

（17）选择"装饰物"图层组中的所有图层，按［Ctrl＋E］组合键合并图层，重命名图层为
"装饰物"；在"装饰物"图层组的下方新建图层，并命名为"黄色光影"，如图 8-19 所示。

（18）选择套索工具，在图像上建立选区；按［Shift＋F6］组合键，对图像执行"羽
化"命令，弹出"羽化选区"对话框，设置"羽化半径"为 80 像素，单击"确定"按钮，
如图 8-20 所示。

图 8-19 图层面板

图 8-20 创建羽化选区

图 8-21 填充羽化选区

（19）填充选区颜色为（R255、G246、B0），取
消选区；在"黄色光影"图层的下方新建图层并命
名为"黄色光影 2"；采用相同的方法建立选区并进
行羽化操作，填充选区颜色为（R255、G192、B0），
取消选区后，设置图层"不透明度"为 58%，如图
8-21 所示。

（20）在"黄色光影 2"图层的下方新建图层并
命名为"黄色光影 3"；采用相同的方法，在图像上
建立选区，然后对图像进行羽化操作，填充选区颜
色为（R255、G192、B0），取消选区，如图 8-22、
图 8-23 所示。

图 8-22 图层

图 8-23 制作黄色光影 3

图 8-24 羽化

（21）在"黄色光影"图层的上方新建图层并命
名为"光影 1"，选择套索工具，在图像上建立选区；
按［Shift＋F6］组合键，打开"羽化选区"对话框，
设置"羽化半径"为 250 像素，单击"确定"按钮，
如图 8-24 所示。

（22）填充选区颜色为（R234、G255、B0），然后取消选区，设置图层"不透明度"为 39％，如图 8 - 25、图 8 - 26 所示。

图 8 - 25　图层

图 8 - 26　制作光影 1

（23）新建图层并命名为"光影 2"，在图像上建立选区并进行"羽化"操作，设置"羽化半径"为 250 像素；设置前景色为（R3、G249、B9），执行"编辑"→"填充"命令，在打开的对话框中设置"使用"为"前景色"，单击"确定"按钮，取消选区，设置图层"不透明度"为 30％，如图 8 - 27 所示。

（24）复制"光影 1"图层，按［Ctrl＋T］组合键，对图像进行自由变换，单击鼠标右键，在弹出的快捷菜单中选择"水平翻转"命令，将图像水平翻转，调整图像的位置，调整完成后按 Enter 键，如图 8 - 28 所示。

图 8 - 27　制作光影 2

图 8 - 28　复制光影 1 并调整

（25）打开素材"光影.png"文件。选择移动工具，将"光影"图像拖曳到当前图像文件中，将新图层重命名为"光影 3"，如图 8 - 29 所示。

（26）复制"光影 3"图层，选择移动工具，调整图像位置，按［Ctrl＋T］组合键，对图像执行"自由变换"命令，调整图像的大小，如图 8 - 30 所示。

图 8 - 29　添加光影素材

图 8 - 30　复制光影 3

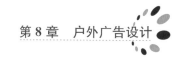

（27）新建图层并命名为"光影 4"，选择画笔工具，在其属性栏中打开"画笔预设"选取器，单击扩展按钮，在弹出的扩展菜单中选择"载入画笔"命令，弹出"载入"对话框，选择素材"烟雾 .abr"文件，单击"载入"按钮，如图 8-31 所示。

（28）设置前景色为（R255、G246、B0），选择笔刷后在图像上绘制，设置图层"不透明度"为 55%，如图 8-32 所示。

图 8-31 载入烟雾画笔

图 8-32 绘制烟雾

（29）新建图层并命名为"线条"，选择钢笔工具，在图像上绘制曲线，然后选择画笔工具，在"画笔预设"选取器中选择柔边较大的笔刷，设置前景色为黑色，如图 8-33 所示。

（30）选择钢笔工具，在图像上单击鼠标右键，在弹出的快捷菜单中选择"描边路径"命令，弹出"描边路径"对话框，单击"工具"下拉按钮，选择"画笔"选项，勾选"模拟压力"复选框，单击"确定"按钮，如图 8-34 所示。

图 8-33 绘制曲线

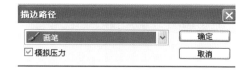

图 8-34 描边命令

（31）复制多个"线条"图层，通过自由变换调整图像的位置，如图 8-35 所示。

（32）合并"图层"面板中的三个线条图层，然后复制图层，采用相同的方法调整图像的大小及位置，调整完成后设置图层"不透明度"为 49%，如图 8-36 所示。

图 8-35 复制多个线条

图 8-36 复制线条并调整不透明度

中文版 **Photoshop** 平面设计案例教程

（33）新建图层组并命令为"英文字母"，然后在图层组中新建图层 Y，选择横排文字工具，在图像中输入文字"Y"，填充文字颜色为（R96、G50、B24），调整文字的大小，按［Ctrl＋T］组合键对图像进行自由变换，旋转字母 Y，然后将文字栅格化，如图 8－37 所示。

（34）按住 Ctrl 键的同时单击 Y 图层的缩览图，建立选区。按住 Alt 键，结合键盘上的←键，移动选区，使文字图像具有一定的厚度，然后按［Ctrl＋Shift＋J］组合键，对图像进行剪切再复制操作，将复制的图层命名为"Y 表面"，如图 8－38 所示。

图 8－37　制作 Y 字母　　　　　　　　　　图 8－38　增加字母厚度

（35）按住 Ctrl 键的同时单击"Y 表面"图层缩览图，建立选区，填充选区颜色为（R146、G66、B47），然后取消选区，如图 8－39 所示。

（36）采用相同的方法，在图像上绘制其他几个字母，绘制时注意字母的大小与位置形态，要体现出画面的动感，如图 8－40 所示。

图 8－39　填充字母 Y 表面颜色　　　　　　图 8－40　绘制其他字母

（37）合并 C 图层与"C 表面"图层，然后复制，并对复制后图层中图像的大小进行调整，如图 8－41 所示。

（38）在图层最上方建立新图层并命名为"烟雾"，选择画笔工具，选择先前载入的烟雾笔刷，设置前景色为白色，然后在图像上绘制，绘制时注意结合键盘上的【键与】键对画笔的大小进行调整，绘制完成后设置图层"不透明度"为 61%，如图 8－42 所示。

图 8－41　复制 C 字母　　　　　　　　　　图 8－42　添加烟雾

（39）新建图层并命名为"烟雾 2"，采用相同的方法在图像上绘制烟雾，绘制完成后设置图层"不透明度"为 70%，如图 8-43 所示。

（40）打开素材"标志.jpg"文件，将图像拖曳到当前图像文件中，并命名新图层为"标志"，如图 8-44 所示。

图 8-43　绘制烟雾并设置不透明度　　　　　　图 8-44　添加标志

（41）再次打开素材"装饰物.png"文件，使用套索工具，选择"可乐瓶"图像，然后将其拖曳到"可口可乐"图像文件中，将新图层重命名为"产品"，并调整图像的位置，如图 8-45 所示。

（42）选择横排文字工具，输入文字"缤纷畅饮"，填充文字颜色为白色，调整文字的大小及位置，然后对文字执行"描边"命令，在弹出的"图层样式"对话框中设置描边大小为 8 像素，描边颜色为（R87、G3、B6），完成后单击"确定"按钮，栅格化文字，如图 8-46 所示。至此，本实例制作完成。

图 8-45　再次添加可乐瓶　　　　　　　图 8-46　添加文字

8.3.2　耐克运动系列墙体广告设计

设计思路分析：

本实例作品主要表现出简洁鲜亮的视觉效果。整个画面干净利落，主题突出，在视觉上具有强烈的冲击力，给人一种简洁明了的感觉。注意颜色的合理搭配；运用画笔工具体现画面动感。

主要使用工具：

减淡加深工具、图层蒙版、钢笔工具、橡皮擦工具、移动工具等。

操作步骤：

（1）按［Ctrl+N］组合键，打开"新建"对话

最终效果

框，设置"名称"，"宽度"为 12.04 厘米、"高度"为 10 厘米，单击"确定"按钮，创建一个新的图像文件，如图 8-47 所示。

（2）复制"背景"图层，填充颜色为（R164、G43、B46）到（R255、G253、B137）的线性渐变，如图 8-48 所示。

图 8-47　新建图像文件　　　　　　　图 8-48　填充渐变背景

（3）结合使用减淡工具与加深工具，对图像进行减淡与加深处理新"光影"，使用椭圆选框工具，在图像上创建椭圆选区，如图 8-49、图 8-50 所示。

图 8-49　加深减淡制作光影　　　　　　图 8-50　创建椭圆选区

（4）按［Shift＋F6］组合键对图像执行"羽化"命令。在弹出的"羽化选区"对话框中设置"羽化半径"为 150 像素，然后单击"确定"按钮，填充选区颜色为（R255、G251、B127），取消选区，设置图层混合模式为"线性加深"，如图 8-51、图 8-52 所示。

图 8-51　羽化　　　　　　　　　　图 8-52　填充颜色并更改混合模式

（5）单击"图层"面板下方的"添加图层蒙版"按钮，为"光影"图层添加图层蒙版；再使用画笔工具适当降低画笔的不透明度，在光影图像的四周涂抹，如图 8-53、图 8-54 所示。

图 8－53　图层　　　　　　　　　　图 8－54　用画笔涂抹光影四周

　　（6）新建图层并命名为"光影 2"，在图像上创建选区，然后对选区执行"羽化"命令，设置"羽化半径"为 100 像素，单击"确定"按钮，填充选区颜色为（R232、G179、B76），取消选区后设置图层混合模式为"深色"，如图 8－55、图 8－56 所示。

图 8－55　羽化　　　　　　　　　　图 8－56　制作光影 2

　　（7）新建图层并命名为"光影 3"，选择钢笔工具，在图像中绘制路径；绘制完成后，按［Ctrl＋Enter］组合键将路径转换为选区，填充选区颜色为土黄色（R232、G179、B76）到透明色的线性渐变，然后取消选区，设置图层混合模式为"线性加深"，如图 8－57 所示。

　　（8）选择橡皮擦工具，在属性栏中适当降低其不透明度，在"光影 3"图层上涂抹，使图像的光影过渡更自然；新建图层并命名为"光影 4"，选择钢笔工具，在图像上绘制曲线路径，并将路径转换为选区，如图 8－58 所示。

图 8－57　钢笔绘制路径　　　　　　图 8－58　绘制曲线路径转换成选区

　　（9）填充选区颜色为明黄色（R25、G255、B160）到透明色的线性渐变，然后取消选区，结合使用橡皮擦工具，将图像中的多余图像擦除，如图 8－59 所示。

　　（10）设置前景色为白色，选择圆角矩形工具，绘制一个完整的"十字"图案；在图像上创建路径，将路径转换为选区后取消选区，如图 8－60 所示。

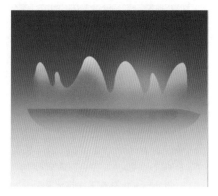

图 8-59　填充渐变

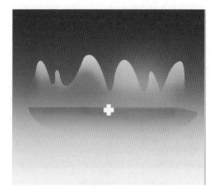

图 8-60　绘制十字图案

（11）复制"十字"图层，按住 Ctrl 键的同时单击"十字副本"图层缩览图、创建图层选区，填充选区颜色为（R255、G255、B155），然后取消选反，设置图层的混合模式为"明度"，适当降低图像的不透明度；复制多个"十字副本"图层，通过自由变换分别对其缩小并摆放在图像画面中，如图 8-61、图 8-62 所示。

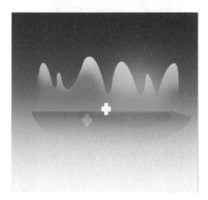

图 8-61　复制十字调整不透明度

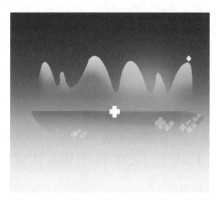

图 8-62　多次复制十字调整不透明度和大小

（12）合并"十字"及其所有副本图层，设置图层混合模式为"明度"；新建图层并命名为"光影5"，选择画笔工具，在"画笔预设"选取器中单击扩展按钮，在弹出的扩展菜单中选择"载入画笔"命令，如图 8-63、图 8-64 所示。

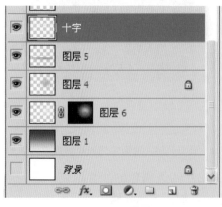

图 8-63　图层

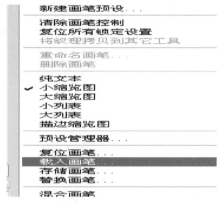

图 8-64　载入画笔

（13）打开素材"斑点.psd"文件。选择移动工具，将"斑点"图像拖曳到当前图像文

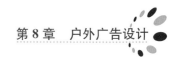

件中，重命名名新图层为"斑点"，通过自由变换调整"斑点"图像的位置及大小，使其与其他图像衔接更自然，如图 8-65、图 8-66 所示。

图 8-65 打开斑点素材

图 8-66 添加斑点素材

（14）打开本素材"运动鞋.jpg"文件，选择移动工具，将"运动鞋"图像拖曳到当前图像文件中，将新图层重命名为"运动鞋"，如图 8-67 所示。

图 8-67 添加运动鞋素材

（15）按［Ctrl＋U］组合键，打开"色相/饱和度"对话框，调整色相，设置完成后单击"确定"按钮；为了使画面更协调，此处将运动鞋的颜色变为红色，如图 8-68、图 8-69 所示。

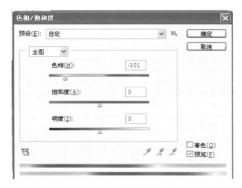

图 8-68 色相饱和度

图 8-69 改变运动鞋颜色

（16）单击"图层"面板下方的"添加图层蒙版"按钮，为"运动鞋"图层添加图层蒙版；选择钢笔工具，在图像上绘制"运动鞋"的路径，绘制完成后将路径转换为选区；对选区执行"反向"命令，然后编辑图层蒙版，填充选区颜色为黑色，将图像中的黑色背景隐藏，取消选区，如图 8-70 所示。

（17）选择画笔工具，在画笔属性栏中设置画笔"模式"为"颜色减淡"，设置前景色为白色，然后在"运动鞋"的鞋底部分涂抹，使白色光影更明显；单击减淡工具，在"运动鞋"上涂抹，使整个鞋子更具有光泽，如图 8-71 所示。

图 8-70 去掉运动鞋黑色背景　　　　　图 8-71 给鞋子增加光泽

（18）按 [Ctrl+T] 组合键，对图像进行自由变换，旋转图像，适当缩小图像，完成后按 Enter 键，结束自由变换；复制"运动鞋"图层，并对图像进行垂直翻转自由变换；选择移动工具，调整图像的位置，调整完成后按 Enter 键，结束自由变换，设置图层"不透明度"为 17%，如图 8-72 所示。

图 8-72 调整运动鞋并制作倒影

（19）在"运动鞋"图层的下方新建图层并命名为"水纹"，选择椭圆工具在图像上创建路径，并将路径转换为选区，执行"羽化"命令，设置"羽化半径"为 20 像素，填充选区颜色为（R216、G125、B81），然后取消选区，如图 8-73、图 8-74 所示。

图 8-73　创建椭圆选区　　　　　　　　图 8-74　羽化填充选区

（20）绘制椭圆路径，并将路径转换为选区，执行"羽化"命令，设置"羽化半径"为5 像素，按 Delete 键将多余的图像删除，如图 8-75 所示。采用相同的方法绘制更多的水纹效果，绘制完成后通过自由变换调整水纹的形态，使其显得更自然，如图 8-76 所示。

图 8-75　绘制椭圆　　　　　　　　　　图 8-76　绘制更多水纹

（21）新建图层并命名为"水纹高光"，选择钢笔工具，在图像上绘制曲线，绘制完成后将路径转换为选区；执行"羽化"命令，设置"羽化半径"为 2 像素，填充选区颜色为（R249、G249、B192），然后取消选区；单击"图层"面板下方的"添加图层蒙版"按钮，为"水纹高光"图层添加图层蒙版，使用画笔工具在图像上涂抹，使水纹更自然，如图 8-77 所示。

（22）新建图层并命名为"水纹阴影"，采用相同的方法绘制图像的阴影，设置图层"不透明度"为 48%，结合使用图层蒙版使阴影图像显得更自然；新建图层并命名为"线条"，选择钢笔工具，在图像上绘制路径，如图 8-78 所示。

图 8-77　添加高光　　　　　　　　　　图 8-78　绘制线条路径

（23）选择画笔工具，设置画笔大小为 5 px，设置前景色为黑色，然后选择钢笔工具，在路径上单击鼠标右键，在弹出的快捷菜单中选择"描边路径"命令，如图 8－79 所示。

（24）在弹出的"描边路径"对话框中，选择"画笔"选项，勾选"模拟压力"复选框，单击"确定"按钮，然后按 Esc 键取消路径，如图 8－80、图 8－81 所示。

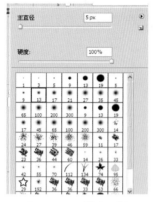

图 8－79　描边面板　　　　图 8－80　描边路径对话框　　　　图 8－81　描边线条

（25）在图像中绘制更多的线条，注意调整线条的粗细以及长短，以增强画面的动感；双击"线条"图层，打开"图层样式"对话框，勾选"外发光"复选框，并打开"外发光"选项面板，设置参数，如图 8－82、图 8－83 所示。

图 8－82　绘制更多线条　　　　　　　图 8－83　外发光面板

（26）勾选"斜面和浮雕"复选框，在其选项面板中设置参数，同样设置"颜色叠加"选项面板中的参数，其中，将"颜色叠加"选项面板中的混合模式中的颜色设置为（R112、G7、B7），如图 8－84、图 8－85 所示。

图 8－84　斜面和浮雕　　　　　　　图 8－85　颜色叠加

（27）设置完成后单击"确定"按钮。打开本素材"斑点 2.png"文件，如图 8-86 所示。

图 8-86　添加斑点素材

（28）选择移动工具，将图像拖曳至当前图像文件中，移动图像时，注意图层的上下位置关系，将"斑点 2"图层置于"运动鞋"图层下方，如图 8-87、图 8-88 所示。

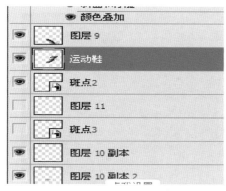

图 8-87　图层

图 8-88　调整斑点位置

（29）打开素材"斑点 3.jpg"文件，选择移动工具，将图像拖曳到当前图像文件中，如图 8-89 所示。

（30）新建图层并命名为"星光"，选择画笔工具，载入素材"星光画笔.abr"文件，选择星光画笔并在图像中绘制，如图 8-90 所示。

图 8-89　添加斑点素材

图 8-90　绘制星光

151

（31）新建图层并命名为"闪电"，填充图层为黑色到白色的线性渐变，按 D 键还原默认的前景色与背景色，执行"滤镜"→"渲染"→"分层云彩"命令，如图 8-91、图 8-92 所示。

图 8-91　线性渐变

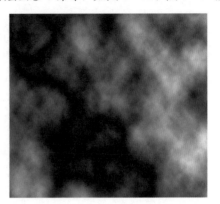

图 8-92　应用分层云彩路径

（32）按［Ctrl＋L］组合键，打开"色阶"对话框，调整参数后单击"确定"按钮，如图 8-93、图 8-94 所示。

图 8-93　色阶

图 8-94　应用色阶

（33）执行"选择"→"色彩范围"命令，打开"色彩范围"对话框，建立黑色图像部分的选区，完成后单击"确定"按钮，如图 8-95 所示。按 Delete 键删除选区内的图像，执行"反向"命令，填充选区颜色为白色，取消选区，设置图层混合模式为"滤色"，如图 8-96 所示。

图 8-95　色彩范围

图 8-96　应用色彩范围

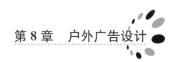

（34）通过自由变换调整图像的大小及位置关系，为"闪电"图层添加图层蒙版，结合使用画笔工具，将图像中多余的图像隐藏，如图 8 - 97 所示。

图 8 - 97　隐藏部分闪电

（35）双击"闪电"图层，打开"图层样式"对话框，勾选"外发光"复选框，在其选项面板中设置参数，完成后单击"确定"按钮，如图 8 - 98、图 8 - 99 所示。

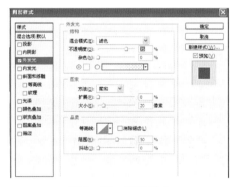

图 8 - 98　图层样式

图 8 - 99　应用外发光图层样式

（36）复制"闪电"图层，调整其在图像中的位置，如图 8 - 100 所示。

图 8 - 100　复制闪电

（37）执行"文件"→"打开"命令，打开素材"水晶球.png"文件，选择移动工具，将"水晶球"图像拖曳到当前图像文件中，重命名新图层为"水晶球"，调整其在图像中的位置及大小，如图 8-101 所示。复制"运动鞋"图层，通过自由变换调整其大小，然后将其移至水晶球的上方，如图 8-102 所示。

图 8-101　添加水晶球素材

图 8-102　复制运动鞋放置运动鞋内

（38）新建图层并命名为"星光2"，选择椭圆选框工具，在"水晶球"图层的上方创建圆形选区，执行"羽化"命令，设置"羽化半径"为 10 像素，填充选区颜色为白色，如图 8-103 所示。选择画笔工具，在"画笔预设"面板的扩展菜单中选择"混合画笔"命令，在弹出的对话框中单击"确定"按钮，如图 8-104 所示。

图 8-103　绘制星光

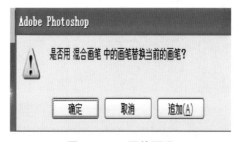

图 8-104　画笔预设

（39）选择星形笔刷样式，设置前景色为白色，在图像中绘制星光，绘制完成后复制"星光2"图层，通过自由变换旋转图像，调整完成后结束自由变换，如图 8-105、图 8-106 所示。

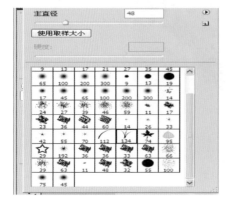

图 8-105　画笔面板

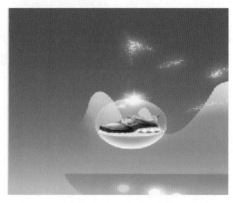

图 8-106　绘制星光

（40）合并"水晶球""运动鞋副本3""星光2"与"星光2副本"图层，并将其重命名为"水晶球"，然后复制"水晶球"图层，调整图像的位置及大小关系，如图8-107所示。

（41）打开素材"标志2.png"文件，将其拖曳到当前图像文件中，然后选择横排文字工具，输入文字"耐克运动鞋"，填充文字颜色为黑色，如图8-108所示。至此，本实例制作完成。

图8-107 复制水晶球　　　　　　　图8-108 添加标志素材

8.3.3 网店宣传户外广告设计

设计思路分析：

本实例中通过对多张风景图片进行合成，结合淡雅的条形背景，展现欢快风格。具有趣味的小物件作为画面的点缀让画面不会过于单调，也展现出旅行的自由和轻松。大小不一的文字在内容轻重上起到了区分作用，也增加了画面叙事能力。

主要使用工具：

移动工具、画笔工具、文字工具、图层样式、图层蒙版。

最终效果

操作步骤：

（1）执行"文件"→"新建"命令，打开"新建"对话框，分别设置"名称""高度""宽度"，设置完成后单击"确定"按钮，新建一个空白图像文件，如图8-109所示。

（2）新建图层，结合矩形选框工具制作出浅蓝（R196、G236、B255）条纹背景；打开"风景1.jpg"和"风景2.jpg"文件，分别拖动到当前文件中，调整好大小和摆放位置，结合图层蒙版和矩形工具隐藏部分图像；然后分别添加"描边""投影"图层样式，制作出相片效果，如图8-110所示。

图8-109 新建图像文件　　　　　　图8-110 绘制条形矩形背景并添加素材

155

(3) 打开"1.psd"文件，拖动到当前文件中，调整其摆放位置于画面右下；继续打开"海鸥.png"文件，拖动到当前文件中，调整好大小后置于相片中间，并双击图层缩览图，添加"描边"图层样式，让画面效果更和谐，如图 8-111 所示。

(4) 打开"2.psd""3.psd""吊牌.png"和"鱼.png"文件，依次拖动到当前图像中，调整好大小和摆放位置，然后分别双击海星和贝壳图层缩览图，在弹出的"图层样式"话框中，勾选"投影"复选框，让画面效果更突出，如图 8-112 所示。

图 8-111　添加海鸥

图 8-112　添加其他素材

(5) 打开"鱼群.png"文件，拖动到当前文件中，调整好摆放位置；然后单击横排文字工具 T，输入文字，分别填充淡红色（R253、G112、B112）和草绿色（R86、G151、B4）及灰色；再双击大标题字符图层缩览图，添加"描边""投影"图层样式，如图 8-113 所示。至此，完成本实例制作。

图 8-113　添加文字

8.3.4　门锁户外广告设计

设计思路分析：

本实例制作的是一款门锁广告，设计简洁不失大方，画面空远，具有很强的想象空间。

主要使用工具：

矩形工具、画笔工具、文字工具、图层样式、图层蒙版等。

操作步骤：

(1) 执行"文件"→"新建"命令，弹出"新建"对话框，设置"宽度"为 40 cm，"高度"

最终效果

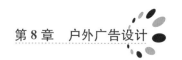

为 24 cm，分辨率为 300 像素/英寸，单击"确定"按钮，新建一个空白图像文件。

（2）按［Shift＋Ctrl＋N］组合键，新建一个图层，单击工具箱中的矩形选框工具，绘制一个矩形选框，设置前景色为蓝色（♯1d2f43），按［Alt＋Delete］组合键，填充蓝色，如图 8‐114 所示。

（3）按［Ctrl＋D］组合键取消选区，打开"背景"素材，拖入画面，按［Ctrl＋T］组合键，调整大小和位置，如图 8‐115 所示。

图 8‐114　绘制矩形填充蓝色

图 8‐115　添加背景素材

（4）新建一个图层，按住 Ctrl 键，单击图层面板中的蓝色图层，载入蓝色矩形选区，单击渐变工具，在工具选项栏中设置颜色从黄色（♯ffd200）到黄色（♯ffd200）80％到透明的线性渐变，在画面中从上往下拖出渐变色，如图 8‐116 所示。

（5）单击图层面板底部的"添加图层蒙版"按钮选中蒙版层，单击工具箱中的渐变工具，在工具选项栏中设置颜色从白色到黑色的线性渐变，在画面中从上往下拖出渐变色，如图 8‐117 所示。

图 8‐116　载入蓝色矩形选区填充渐变

图 8‐117　添加蒙版

（6）设置黄色图层的混合模式为"颜色"，"不透明度"为 25％。

（7）打开"耀光"素材，拖入画面，按［Ctrl＋T］组合键，调整大小和位置，设置图层混合模式为"滤色"，如图 8‐118 所示。

（8）新建一个图层，单击矩形选框工具，在图形顶部绘制一个矩形选框，填充黑色，单击图层面板底部的"添加图层蒙版"按钮，选中蒙版层，单击工具箱中的渐变工具，在工具选项栏中设置颜色从白色到黑色的线性渐变，在画面中从上往下拖出渐变色，压暗上边的天空，如图 8‐119 所示。

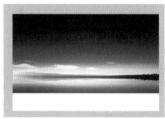

图 8‐118　添加耀光素材

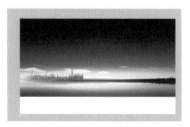

图 8‐119　压暗天空

（9）打开"城市"素材，拖入画面，按［Ctrl＋T］组合键，调整好大小和位置，如图 8－120 所示。

（10）参照前面的操作，为城市图层添加图层蒙版，选择蒙版层，单击工具箱中的画笔工具，设置前景色为黑色，选择"柔边圆"笔尖，设置适当不透明度，涂抹城市两端，使其与背景融合，如图 8－121 所示。

图 8－120　添加城市素材

图 8－121　添加蒙版使城市与背景融合

（11）选择"耀光"素材图层，按［Ctrl＋J］组合键，复制两层，选中两个复制的图层，按［Shift＋Ctrl＋】］组合键，调整至最顶层，如图 8－122 所示。

（12）设置耀光的图层混合模式为"滤色"，如图 8－123 所示。

图 8－122　复制耀光

图 8－123　设置耀光模式为滤色

（13）打开"月球"素材，单击工具箱中的魔棒工具，在工具选项栏中设置"容差"为10，在黑色背景处单击，反选图形，按［Shift＋F6］组合键，弹出"羽化"对话框，设置羽化半径为 5 像素。

（14）保留选区，按［Ctrl＋C］组合键，从月球素材换到当前编辑窗口，按［Ctrl＋V］组合键复制图形，按［Ctrl＋T］组合键，调整图形大小，模式为"滤色"不透明度为60％，设置图层混合层蒙版，选择画笔工具，涂抹月球下半部分，如图 8－124 所示。

（15）打开"锁"素材，拖入画面，调整好大小和位置，按［Ctrl＋J］组合键，复制一层，按［Ctrl＋T］组合键进入自由变换状态，单击右键，选择"垂直翻转"，调整到锁的正下方；单击图层面板下面的"添加图层蒙版"按钮，选中蒙版层，单击工具箱中的渐变工具，在工具选项栏中设置颜色从白色到黑色的线性渐变，在画面中，拖出渐变色，制作锁的倒影效果，如图 8－125 所示。

图 8－124　添加月球

图 8－125　添加锁素材

（16）打开"标志"素材，拖入画面，调整好大小和位置，如图 8 - 126 所示。

（17）单击工具箱中的横排文字工具，输入文字，得到最终效果，如图 8 - 127 所示。

图 8 - 126 添加标志

图 8 - 127 添加横排文字

8.3.5 音乐会户外广告设计

设计思路分析：

音乐会户外广告的设计风格应根据音乐主题的内容而定。根据音乐主题构成画面元素，从而营造出相应的画面氛围给人以感染力。本实例中的音乐会户外广告通过现代感的画面构成，整体色调静谧而协调，传递出神秘、现代和个性的画面氛围。

主要使用工具：

图层蒙版、剪贴蒙版、画笔工具、钢笔

最终效果

工具、文字工具、图层混合模式、"曲线"调整图层、"色阶"调整图层、"色调/饱和度"调整图层、"照片滤镜"调整图层、"色彩平衡"调整图层等。

操作步骤：

（1）执行"文件"→"新建"命令，在弹出的对话框中设置各项参数并单击"确定"按钮，新建一个图像文件，如图 8 - 128 所示。

（2）新建一个"背景"图层组，打开素材中的"星空 .png"文件，将其拖至当前图像文件中，并调整其位置；打开"月球 .png"文件，将拖动至当前图像文件中，并放置在画面右上角，如图 8 - 129 所示。

图 8 - 128 新建图像文件

图 8 - 129 添加素材

（3）单击"添加图层样式"按钮，在弹出的菜单中选择"内发光"命令，在弹出的对话框中设置相应参数，为月球图像添加光影效果，如图 8 - 130 所示。

（4）新建"图层3"，设置前景色为白色，单击画笔工具，并在属性栏中设置相应参数，在月球左侧绘制一个圆弧线条，然后为该图层添加"外发光"图层样式，以增强月球的光影效果，如图8-131所示。

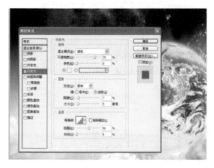

图8-130 为月球添加光影效果

图8-131 为月球绘制圆弧线条

（5）打开"地面.png"文件，将其拖至当前图像文件中并调整其位置，结合图层蒙版和画笔工具，隐藏局部色调，如图8-132所示。

（6）打开"天空·png"文件，将其拖至当前图像文件中并调整其位置，如图8-133所示。

图8-132 添加地面素材

图8-133 添加天空素材

（7）设置"图层5"的混合模式为"线性加深"，以加深天空图像的色调效果，如图8-134所示。

（8）打开"材质.png"文件，将其拖至当前图像文件中并调整其位置，设置图层混合模式为"叠加"，"不透明度"为51%，使其与下层图像色调相融合，如图8-135所示。

图8-134 加深天空色调

图8-135 添加材质

（9）新建一个"框架"图层组，打开"柱体.png"文件，将其拖至当前图像文件中，重命名该图层并调整其位置，如图 8-136 所示。

（10）按［Ctrl＋J］组合键复制 3 次柱体图像，并分别调整图像大小和位置；为"柱体"和"柱体副本 3"图层分别添加图层蒙版，并使用画笔工具在画面中多次涂抹，以隐藏部分图像色调，如图 8-137 所示。

图 8-136　添加柱体

图 8-137　复制编辑多个柱体

（11）新建"图层 7"，使用矩形选框工具，创建一个矩形选区并填充为黑色；执行"滤镜"→"渲染"→"镜头光晕"命令，在弹出的对话框中设置参数，如图 8-138 所示。

（12）单击"确定"按钮，为该图层添加光晕效果；然后设置图层混合模式为"滤色"，并创建剪贴蒙版，从而为柱体图像增添高光效果，如图 8-139 所示。

图 8-138　创建矩形并应用镜头光晕

图 8-139　增添高光

（13）按［Ctrl＋J］组合键复制 2 次该图层，分别调整各图像的位置并创建剪贴蒙版，如图 8-140 所示。

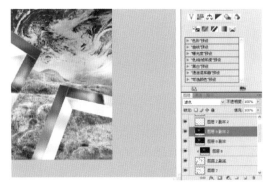
图 8-140　复制光晕图层

（14）新建"图层8"，设置前景色为黄绿色（R128、G238、B122），单击画笔工具在属性栏中设置相应参数，采用不同的前景色在柱体图像周围绘制出多个线条图像，并结合图层蒙版隐藏局部色调；设置图层混合模式为"颜色减淡"并为图层添加"外发光"图层样式。

（15）按［Ctrl+J］组合键复制2次该图层，并调整各图像的位置，选择蒙版并使用画笔工具 在画面中涂抹以隐藏局部色调，如图8-141所示。

（16）在"柱体"图层下方新建一个"人物"图层组，打开"人物.png"将其拖至当前图像文件中，并调整其位置；结合图层蒙版和半透明的画笔调整人物腿部部分色调，为其添加"内发光"和"投影"图层样式，如图8-142所示。

图8-141 涂抹改变柱体色调

图8-142 添加人物

（17）按住Ctrl键的同时单击"图层9"缩览图，将其载入选区，新建图层并为选区填充颜色（R116、G161、B223）。然后设置图层的混合模式为"颜色加深"，"不透明度"为45%，以调整人物图像的色调效果，如图8-143所示。

（18）在"图层9"下方新建多个图层，使用较小的"硬边圆"画笔，并采用不同的前景色，在人物的腿部多次绘制线条图像，如图8-144所示。

图8-143 调整人物色调

图8-144 绘制线条图像

（19）按住Ctrl键的同时单击"图层9"缩览图，将其载入选区，新建图层并为选区填充从深紫色（R1、G7、B74）到透明的线性渐变颜色，如图8-145所示。

（20）打开"火光.png"文件，将其拖至当前图像文件中，并调整其位置和图层上下关系；结合图层蒙版和画笔工具隐藏局部色调，设置图层混合模式为"明度"，如图8-146所示。

图 8-145　载入人物选区并填充渐变色

图 8-146　添加火光素材

图 8-147　为火工添加外发光图层样式

（21）为火光图像添加"外发光"图层样式，以增强其光影质感效果，如图 8-147 所示。

（22）打开"尾巴.png"文件，将其拖动至当前图像文件中，并调整其位置和图层上下关系。

（23）新建多个图层，结合图层蒙版和画笔工具多次绘制图像，并相应调整各图层的混合模式；为"图层 19"添加"外发光"图层样式。

（24）依次打开"光线 1.png"和"光线 2.png"文件，将其拖至当前图像文件中并调整其位置；设置"图层 20"的混合模式为"线性减淡（添加）"。

（25）在"图层 21"上方新建"图层 22"并填充为黑色，设置图层混合模式为"差值"；单击"创建新的填充或调整图层"按钮，依次应用"曲线""色阶""自然饱和度"和"色彩平衡"命令，在"属性"面板中分别设置相应参数以调整图像的整体色调效果，如图 8-148 所示。

（26）在"框架"图层组上方依次创建"照片滤镜""曲线""色彩平衡"等调整图层，进一步调整画面整体色调；然后使用横排文字工具，在画面中多次输入文字，并分别调整各文字的大小、位置和颜色，如图 8-149 所示。至此，本实例制作完成。

图 8-148　调整图像色调

图 8-149　添加文字

8.4　课后练习

1. 本习题为设计一家室内装修公司的户外广告。由于是户外广告设计，所以内容方面要突出主题和公司的标志，如果主题不太突出，标志非常小的话广告也就失去了其意义，所以，在此我们将主要突出公司的广告语和标志。配色上我们将采用浅蓝色，并使用蓝色油漆涂料作为背景，油漆也是室内装修不可缺少的材料。蓝色代表了一种非常单纯的颜色，可以使人眼前一亮，并采用白色作为辅助色，整体色调会更加清晰、冷静。本习题采用中心构图方式，将主要内容放置到中心位置，其他内容根据主要内容依次向四周排列，这样的构图方式会把人们的注意力吸引到突出的中心位置。

装修公司户外广告效果

2. 这是一款户外墙体广告，主要运用多种素材文件结合图层蒙版工具，制作合成效果。本习题主要运用图层蒙版、填充工具等，制作出创意十足的房产户外墙体广告。

Photoshop 特效技法点拨：

（1）结合多边形套索工具和渐变工具绘制背景，然后添加素材并调整图层混合模式，制作背景的细节。

（2）通过调整图像颜色与图层混合模式，使素材图像与背景图像衔接得更自然。

（3）添加图层蒙版，制作杯子中的特效，完成后盖印可见图层并应用"镜头光晕"滤镜。

（4）添加文字及 logo 元素，完善画面效果。

户外墙体广告效果

第 9 章 书籍封面设计

书籍装帧的封面设计在一本书的整体设计中具有举足轻重的地位。好的封面设计不仅能招徕读者，使其一见钟情，而且耐人寻味，让人爱不释手。封面设计一般包括书名、编著者名、出版社名等文字，以及体现书的内容、性质、体裁的装饰形象、色彩和构图。

9.1 书籍封面的组成

封套：外包装，保护书册的作用。

护封：装饰与保护封面。

封面：书的面子，分封面和封底。

书脊：封面和封底当中书的脊柱。

9.2 书籍封面的设计理念

首先应该确立，设计表现的形式要为书的内容服务，尽量做到用形象打动人，易被视觉接受的表现形式，所以封面的构思就显得十分重要，要充分厘清书稿的内涵、风格、体裁等，做到构思新颖、切题、有感染力。构思的过程与方法大致可以有以下几种：

（1）想象。想象是构思的基点，想象以造型的知觉为中心，能产生明确的有意味的形象。我们所说的灵感，也就是知识与想象的积累与结晶，它是设计构思的源泉。

（2）舍弃。构思的过程往往"叠加容易，舍弃难"，构思时往往想得很多，堆砌得很多，对多余的细节爱不忍弃。张光宇先生说"多做减法，少做加法"，就是真切的经验之谈。对不重要的、可有可无的形象与细节，坚决忍痛割爱。

（3）象征。象征性的手法是艺术表现最得力的语言，用具象的形象来表达抽象的概念或意境，也可用抽象的形象来意喻表达具体的事物，都能为人们所接受。

（4）探索创新。流行的形式、常用的手法、俗套的语言要尽可能避开不用；熟悉的构思方法、常见的构图、习惯性的技巧，都是创新构思表现的大敌。构思要新颖，就需不落俗套，标新立异。要有创新的构思就必须有孜孜不倦的探索精神。

9.3 优秀案例

9.3.1 艺术图书封面设计

设计思路分析：

本实例作品是艺术类图书的封面，结合使用像素图像与矢量图像，体现一种不一样的艺术效果。运用彩虹效果，打破了版面沉闷的感觉，增添了封面的层次感。制作关键点：运用滤镜制作不同的图像效果；注意图像画面中颜色的对比。

主要使用工具：

图层蒙版、自由变换、钢笔工具、文字工具、套索工具等。

操作步骤：

（1）按［Ctrl＋N］组合键，打开"新建"对话框，设置"名称"为"艺术图书封面"、"宽度"为 10 厘米、"高度"为 11.97 厘米，单击"确定"按钮，创建一个新的图像文件。

最终效果

（2）填充背景颜色为（R250、G239、B211），执行"滤镜"→"纹理"→"颗粒"命令，设置"颗粒"参数后单击"确定"按钮，如图 9-1 所示。

（3）新建图层，并命名为"放射光"；选择自定形状工具，在属性栏中选择形状为"靶标 2"图形，在图像上绘制路径；绘制完成后将路径转换为选区，填充选区颜色为（R220、G190、B133），然后取消选区，图层混合模式为"溶解"，"不透明度"为 24％，如图 9-2 所示。

图 9-1 填充背景并应用滤镜

图 9-2 绘制放射效果

（4）打开素材"杂质.png"文件，将"杂质"图像拖曳到当前图像文件中，调整其在图像中的位置，设置图层混合模式为"溶解"，"不透明度"为 58％，使其与背景图像衔接更自然，如图 9-3 所示。

（5）新建图层，并命名为"杂质 2"，设置前景色为（R158、G45、B39），选择画笔工具，设置画笔的"不透明度"为 65％，然后在图像上涂抹，完成后执行"滤镜"→"液化"命令，单击"向前变形工具"按钮，对图像进行"液化"处理，完成后单击"确定"按钮。

（6）按［Ctrl＋T］组合键对图像进行自由变换；单击鼠标右键，在弹出的快捷菜单中选择"旋转 90 度（顺时针）"选项，对图像进行旋转，完成后按 Enter 键结束自由变换操作。

图 9-3 打开"杂质"素材

（7）执行"滤镜"→"风格化"→"风"命令，在弹出的

"风"对话框中设置参数，完成后单击"确定"按钮。

（8）对图像进行自由变换，将图像逆时针旋转90°，设置前景色为白色，执行"滤镜"→"素描"→"撕边"命令，打开"撕边"对话框，设置参数后单击"确定"按钮，如图9-4所示。

（9）新建图层，并命名为"阴影"，选择矩形选框工具在图像中创建选区。填充选区颜色为从（R39、G42、B49）到透明色的线性渐变，然后取消选区。新建图层并命名为"公路"；选择钢笔工具，在图像上绘制公路的路径，绘制完成后将路径转换为选区，填充选区颜色为从（R208、G186、B143）到黑色的线性渐变，完成后取消选区，如图9-5所示。

（10）新建图层并命名为"线条"，在图像中绘制路径，将路径转换为选区，填充选区颜色为（R223、G210、B158），完成后取消选区；设置图层"不透明度"为68%，采用相同的方法绘制左边的线条，完成后取消选区，如图9-6所示。

图9-4 执行滤镜

图9-5 绘制公路

图9-6 绘制"线条"

（11）打开素材"建筑.png"文件，将"建筑"图像拖曳到当前图像文件中，通过自由变换调整其位置，将新图层重命名为"建筑"。

（12）执行"图像"→"调整"→"阈值"命令，打开"阈值"对话框，移动滑块调整图像，完成后单击"确定"按钮，如图9-7所示。

（13）复制"建筑"图层，通过自由变换调整"建筑"图像中的大小及位置，如图9-8所示。

图9-7 打开"建筑"素材

图9-8 复制建筑素材

（14）打开素材"汽车.png"文件，将"汽车"图像拖曳到当前图像文件中，调整图像位置，如图 9 - 9 所示。

　　（15）分别打开素材"人物.png"与"人物2.png"文件，将两个"人物"图像分别移到当前图像文件中，调整其在图像中的位置，如图 9 - 10 所示。

图 9 - 9　打开"汽车素材"　　　　　　图 9 - 10　打开"人物"素材

　　（16）新建图层并命名为"彩虹"，选择椭圆工具，在图像中绘制椭圆路径，并将路径转换为选区，填充选区颜色为（R255、G1、B1），然后取消选区；采用相同的方法在图像上创建选区，然后分别填充颜色为（R255、G101、B0），（R252、G176、B15），（R252、G255、B24），（R185、G221、B37），（R128、G208、B195），白色，（R128、G208、B195），白色，（R128、G208、B195）；执行"滤镜"→"纹理"→"颗粒"命令，打开"颗粒"对话框，设置其参数，完成后单击"确定"按钮，如图 9 - 11 所示。

　　（17）执行"图像"→"调整"→"色调均化"命令，加强图像中颜色的对比。

　　（18）打开素材"花纹.png"文件，将"花纹"图像拖曳到当前图像文件中，调整其在图像中的位置，如图 9 - 12 所示。

图 9 - 11　创建选区并填色　　　　　　图 9 - 12　打开"花纹"素材

　　（19）打开素材"老鹰.png"文件，将"老鹰"图像拖曳到当前图像文件中，调整其位置，将新图层重命名为"老鹰"，如图 9 - 13 所示。

　　（20）在"老鹰"图层的下方新建图层，并命名为"云"，选择钢笔工具，在图像中绘制云朵的路径，结合路径选择工具，调整路径位置，绘制完成后将路径转换为选区，填充选区颜色为白色；复制一个"云"图层，调整其在图像中的位置；选择矩形选框工具，建立云的选区，删除图像中的部分云图像，然后取消选区，如图 9 - 14 所示。

图 9-13　打开"老鹰"素材

图 9-14　绘制云

（21）打开素材"红色图案.png"文件，将"红色图案"图像拖曳到当前图像文件中，调整其在图像中的位置，如图 9-15 所示。

（22）打开素材"杂质3.png"文件，将"杂质3"图像拖曳到当前图像文件中，调整其在图像中的位置，如图 9-16 所示。

图 9-15　打开"红色图案"素材

图 9-16　打开"杂质3"素材

（23）新建图层，并命名为"黄色光影"，选择椭圆选框工具，在图像上创建椭圆选区，按［Shift+F6］组合键对选区执行"羽化"命令，在弹出的"羽化选区"对话框中设置"羽化半径"为 100 像素，单击"确定"按钮，填充选区颜色为（R255、G253、B49），然后取消选区；设置该图层的"不透明度"为 64％，配合光束效果，使画面更完善。

（24）双击"黄色光影"图层名称，打开"图层样式"对话框，单击"外发光"选项，设置参数值后单击"确定"按钮，如图 9-17 所示。

（25）选择横排文字工具，输入书名，填充文字颜色为（R207、G0、B0），栅格化文字并执行"滤镜"→"纹理"→"颗粒"命令，打开"颗粒"对话框，设置其参数值，设置完成后单击"确定"按钮。

（26）按［Ctrl+T］组合键对图像进行自由变换操作，将图像顺时针旋转 90°，完成后按 Enter 键结束自由变换操作。

（27）执行"滤镜"→"风格化"→"风"命令，打开"风"对话框，设置参数后单击"确定"按钮。

（28）通过自由变换，将文字图像逆时针旋转90°，执行"滤镜"→"艺术效果"→"塑料包装"命令，打开"塑料包装"对话框，设置参数，单击"确定"按钮，如图9-18所示。

图 9-17　绘制"黄色光影"　　　　　　　　　图 9-18　执行滤镜

（29）设置前景色为（R207、G0、B0），执行"滤镜"→"素描"→"网状"命令，打开"网状"对话框，设置参数后单击"确定"按钮。

（30）盖印图层，重命名为"封面"，新建图层组并命名为"效果图"，打开素材"背景2.jpg"文件。

（31）将"背景2"图像移到当前图像文件中，通过自由变换调整其大小与位置；将"封面"图层移到"效果图"图层组中，通过自由变换调整图像的大小与透视效果；新建图层并命名为"背面"，按住Ctrl键的同时，单击"封面"的图层缩略图，填充选区颜色为黑色，采用相同的方法对"背面"图层进行透视效果调整，完成后按Enter键结束自由变换操作，如图9-19所示。

（32）新建图层并命名为"书页"，选择多边形套索工具，在图像中创建书页的选区，完成后填充选区颜色为白色，取消选区；选择画笔工具，在画笔属性栏中选择柔边大小为3 px的画笔样式，设置前景色为黑色，然后选择钢笔工具，在图像中创建直线路径，对路径执行"描边路径"命令，使"书页"图像更具有明暗对比效果，如图9-20所示。

（33）分别为"封面"图层与"背面"图层添加"斜面和浮雕"图层样式，使其更具有质感，然后在图像中添加投影效果，使书籍更具有真实感，如图9-21所示。至此，本案例制作完成。

图 9-19　绘制书面效果　　　　　图 9-20　绘制书页效果　　　　　图 9-21　执行图层样式

9.3.2　文艺小说封面设计

设计思路分析：

本实例作品是一本文艺小说的封面，以浅蓝色为主要色调，体现出青春活力气息。本书在封面上采用了多种颜色的形状图形，增添了版面的趣味性。制作关键点：运用图层的上下位置关系使画面显得更自然；运用图层混合模式制作特殊艺术效果。

最终效果

主要使用工具：

滤镜、自由变换、画笔工具等。

操作步骤：

（1）按［Ctrl＋N］组合键，打开"新建"对话框，设置"名称"为"文艺小说封面"，"宽度"为 20.63 厘米、"高度"为 15.49 厘米，单击"确定"按钮，创建一个 新的图像文件，如图 9 - 22 所示。

（2）填充"背景"图层颜色为（R145、G250、B199）；双击"背景"图层，打开"新建图层"对话框，设置"名称"为"背景"，单击"确定"按钮，将"背景"图层转换为普通图层，如图 9 - 23 所示。

图 9 - 22　新建图像文件

图 9 - 23　填充背景颜色

（3）执行"滤镜"→"素描"→"便条纸"命令，弹出"便条纸"对话框，设置参数，使图像的表面呈现凹凸感，然后单击"确定"按钮。

（4）打开素材"云.png"文件，将"云"图像拖曳到当前图像文件中，将新图层重命名为"云"，设置图层的混合模式为"实色混合"。

（5）为"云"图层添加图层蒙版，选择画笔工具，在图像中涂抹，使云彩在画面中显示更自然。

（6）执行"滤镜"→"模糊"→"高斯模糊"命令，打开"高斯模糊"对话框，设置参数使云彩变得模糊，然后单击"确定"按钮。

（7）执行"滤镜"→"纹理"→"颗粒"命令，在弹出的"颗粒"对话框中设置参数，使云彩呈现颗粒状，完成后单击"确定"按钮，如图 9 - 24 所示。

（8）合并"背景"图层与"云"图层，重命名为"背景"。按［Ctrl＋R］组合键，显示标尺，在图像的中间位置处创建辅助线，将画面平分为两部分。

（9）打开素材"花边.png"文件，将"花边"图像拖曳到当前图像文件中，调整其在图像中的位置，并将新图层重命名为"花边"，如图 9－25 所示。

图 9－24　执行滤镜效果

图 9－25　打开"花边"素材

（10）复制"花边"图层，通过自由变换将图像垂直翻转，调整其在图像中的位置，如图 9－26 所示。新建图层并命名为"阶梯"，选择多边形套索工具，在图像上创建选区，填充选区颜色为白色后取消选区。

（11）复制多个"阶梯"图层，通过自由变换，调整其在图像中的位置以及大小，合并所有"阶梯"图层并重命名为"阶梯"，设置图层混合模式为"点光"，"不透明度"为75％；新建图层并命名为"门"，选择钢笔工具，在图像上绘制路径，将路径转换为选区，填充选区颜色为从黄色（R250、G221、B128）到白色的线性渐变，取消选区。

（12）双击"门"图层名称，打开"图层样式"对话框，单击"描边"选项，设置参数，完成后单击"确定"按钮，如图 9－27 所示。

图 9－26　复制

图 9－27　绘制阶梯

（13）打开素材"卡通人物.png"文件，将"卡通人物"图像拖曳到当前图像文件中，调整其在图像中的位置；打开素材"热气球.png"文件，将"热气球"图像移到当前图像文件中，通过自由变换调整其在图像中的位置与大小，如图 9－28 所示。

（14）结合使用减淡工具与加深工具在"热气球"上涂抹，加强图像的立体效果；复制多个"热气球"图层，通过自由变换调整其在图像中的位置与大小，调整图像的颜色，然后对个别图像添加图

图 9－28　打开"卡通人物"素材

层蒙版，将部分图像隐藏，使其与画面衔接更自然，如图 9 – 29 所示。

（15）打开素材"气泡 . png"文件，结合使用套索工具与移动工具，将"气泡"图像拖曳到当前图像文件中，调整其在图像中的位置，设置图层混合模式为"溶解"，并适当降低图层的不透明度。

（16）合并所有"气泡"图层，并重命名为"气泡"；新建图层并命名为"书名"，选择钢笔工具，在图像中绘制文字路径，将路径转换为选区，填充选区颜色为黑色，取消选区。

（17）选择魔棒工具，创建心形选区，填充选区颜色为（R255、G0、B159），取消选区；选择横排文字工具，在图像中输入作者名与书籍简介文字，填充文字颜色为黑色，如图 9 – 30 所示。

图 9 – 29　添加蒙版

图 9 – 30　输入文字

（18）新建图层并命名为"条形码"，选择矩形选框工具，在图像中制作条形码，然后在图像中输入文字，完善书籍的背面；按［Ctrl＋Alt＋Shift＋E］组合键盖印一个图层，重命名为"画面"。

（19）选择矩形选框工具，沿着画面中心的参考线创建一个矩形选区，按［Ctrl＋Shift＋J］组合键剪切复制选区内容，将新图层重命名为"书脊"；在"书脊"上添加书名、作者名与出版社名；合并"书脊""书名 3""作者名"与"出版社名"图层，并重命名为"书脊"。

（20）新建图层组并命名为"效果图"，打开素材"背景 . jpg"文件，将"背景"图像拖曳至图层组"效果图"中，将"画面"与"书脊"图层移至"效果图"图层组中，通过自由变换缩小图像；选择矩形选框工具，将图像分为两个图层，分别为"封 1"与"封 2"，通过自由变换调整图像的位置，完成后按 Enter 键；然后再通过自由变换调整"书脊"图层的形状与位置。

（21）双击"书脊"图层名称，打开"图层样式"对话框，单击"内阴影"选项，设置参数后单击"确定"按钮。

（22）分别载入"封 1"与"封 2"的图层选区，填充选区颜色为黑色到透明色的线性渐变，完成后取消选区；在"封 1"图层下方新建图层，并命名为"书页"，选择多边形套索工具，绘制书页的厚度并填充选区颜色为从黑色到白色的线性渐变，然后取消选区。

（23）选择铅笔工具，设置画笔大小为 l px，然后在书页上绘制线条，使书页更富有真实感；继续在图像上绘制书页，增添书籍的厚度。

（24）合并图层组中除"背景"图层以外的所有图层，重命名为"书籍"；双击"书籍"图层名称，打开"图层样式"对话框，单击"投影"选项，然后在选项面板中设置各项参数，完成后单击"确定"按钮，如图 9 – 31 所示。

（25）采用相同的方法，处理图像中另一个书籍画面，选择多边形套索工具，分别为"书籍"图像与"书籍2"图像添加投影效果，如图 9－32 所示。至此，本实例制作完成。

图 9－31　绘制立式书籍

图 9－32　效果完成

9.3.3　漫画图书封面设计

设计思路分析：

本实例作品是漫画图书的封面。版面采用手绘插画作为主要图像，以达到吸引人们注意的目的。版面中文字大小对比强烈，编排自由灵活，整个封面版面层次清晰，主题突出。制作关键点：运用"木刻"滤镜制作画面纹理；合理应用图层混合模式。

主要使用工具：

滤镜、画笔工具、蒙版、图层样式等。

操作步骤：

（1）按 ［Ctrl＋N］ 组合键，打开"新建"对话框，设置"名称"为"PIERNAS"，"宽度"为 3 厘米，"高度"为 22.1 厘米，单击"确定"按钮新建图像文件，如图 9－33 所示。

最终效果

（2）新建"图层 1"，设置前景色为（R212、G192、B31），对"图层 1"进行颜色填充；打开素材"纹理.jpg"文件，将其拖曳到当前图像文件中，如图 9－34 所示。

图 9－33　新建图像文件

图 9－34　打开"纹理"素材

（3）执行"滤镜"→"滤镜库"命令，选择"木刻"缩览图，在对话框右侧设置参数。

（4）设置完成后单击"确定"按钮，调整画面木刻效果；更改该图层的混合模式为"叠加"；放大图像，新建图层，结合钢笔工具绘制图示路径，转换为选区后填充绿色；继续新建图层，绘制红色图案并创建剪贴蒙版，如图 9 - 35 所示。

（5）新建多个图层，绘制图案上的高光和阴影图像，并对相应图层创建剪贴蒙版；新建图层，在图案旁边绘制蓝色图案，如图 9 - 36 所示。

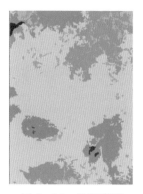
图 9 - 35　执行滤镜

图 9 - 36　创建剪切蒙版

（6）新建多个图层，绘制图案上的高光和阴影图像，对相应图层创建剪贴蒙版；新建图层，在图案旁边绘制深蓝色的图案，如图 9 - 37 所示。

（7）新建多个图层，为最右侧的图案绘制高光和阴影等，并为相应图层创建剪贴蒙版；新建图层，选择多边形套索工具在图案上方创建不规则矩形选区，并对其填充浅黄色，如图 9 - 38 所示。

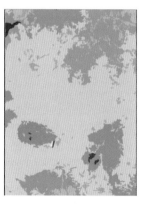
图 9 - 37　绘制图案

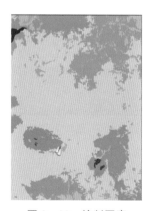
图 9 - 38　绘制图案

（8）选择绘制图案所在的相关图层，按 ［Ctrl＋Alt＋Shift＋E］ 组合键盖印选定图层，生成新的图层，执行"滤镜"→"滤镜库"命令，在弹出的"滤镜库"对话框中单击"海报边缘"图层缩览图，并在右侧设置参数，调整图案效果，如图 9 - 39 所示。

（9）复制合并后的图案，生成新的图层，按 ［Ctrl＋T］ 组合键在图案上生成自由变换框，如图调整图案；新建图层，在画面顶部绘制云朵图案，并填充蓝色（R56、G176、B204）；打开 素材"纹理 1.jpg"文件，将其移动到当前图像文件中并按图放置，如图 9 - 40 所示。

（10）创建剪贴蒙版并更改其混合模式为"柔光"；新建多个图层，使用较低透明度的柔边笔刷在云朵边缘涂抹以加深暗部；绘制透明度较低的白色作为高光，选择不同颜色在云朵位置涂抹，并对它们创建剪贴蒙版，使其显示于云朵上，如图 9 - 41 所示。

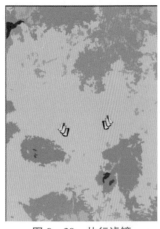

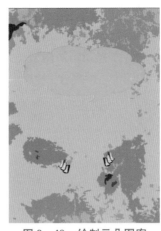

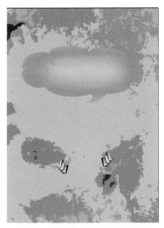

图 9 - 39　执行滤镜　　　　图 9 - 40　绘制云朵图案　　　　图 9 - 41　绘制并调整效果

（11）更改涂抹颜色所在的图层的混合模式为"颜色"，"不透明度"为 80％；新建图层在画面中部绘制圆形图案并对其填充黄色，在该图层上方新建图层，绘制阴影高光效果，按［Ctrl＋Alt＋G］组合键创建剪贴蒙版，如图 9 - 42、图 9 - 43 所示。

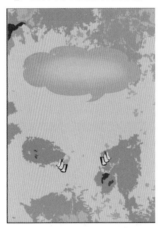

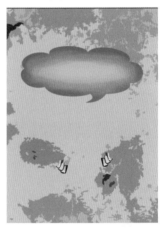

图 9 - 42　更改填充颜色　　　　　　　图 9 - 43　绘制阴影高光

（12）新建多个图层，绘制橘黄色的图案与阴影，选择相应图层对它们进行创建剪贴蒙版的操作，使其显示于圆形上方，如图 9 - 44、图 9 - 45、图 9 - 46 所示。

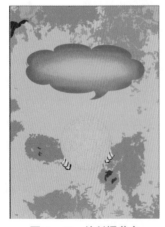

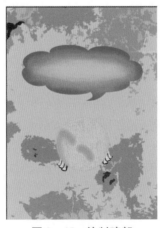

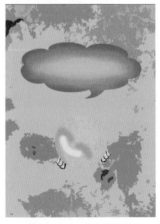

图 9 - 44　绘制橘黄色　　　　图 9 - 45　绘制暗部　　　　图 9 - 46　绘制亮部

（13）打开"纹理.jpg"文件，将其拖动至当前图像文件中，创建剪贴蒙版，使其显示于圆形上，更改其混合模式为"强光"，"不透明度"为 60％，如图 9-47、图 9-48所示。

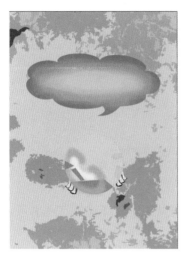

图 9-47　创建剪切蒙版

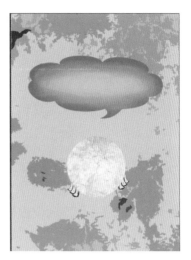

图 9-48　更改模式和不透明度

（14）新建图层，在圆形图案中绘制不规则图案并对其填充褐色；在该图层上方新建多个图层，绘制图案的条纹、高光和阴影效果，选择相应图层创建剪贴蒙版，使其只显示于不规则图案之上，如图 9-49 所示。

（15）新建图层，在圆形位置处绘制黄色不规则图案，完成后新建图层，结合钢笔工具，勾画卡通人物的头发轮廓路径，将路径转化为选区后对其填充黑色，如图 9-50 所示。

图 9-49　绘制效果

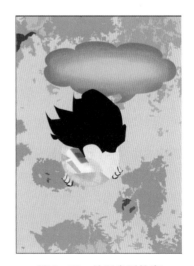

图 9-50　绘制发型轮廓

（16）在头发图层上方新建图层，绘制弯曲的波浪线效果，完成后创建剪贴蒙版，将弯曲图案作用于头发上；继续新建图层，使用钢笔工具在头发上勾画头发的局部路径，转化为选区后填充其为黑色，如图 9-51、图 9-52所示。

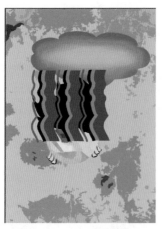

图 9-51　绘制弯曲图案

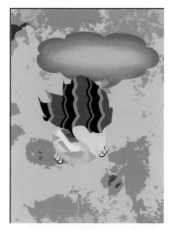

图 9-52　创建剪切蒙版

（17）对头发轮廓进行图案的设计与绘制，然后将头发其他局部轮廓勾画出来，分别对各个局部进行图案绘制与调整，使头发更具层次感，如图 9-53 所示。

（18）新建图层，选择钢笔工具，绘制人物脸部轮廓路径，转化为选区后对其填充灰黄色；在该图层上方新建多个图层，绘制面部的图案、高光和阴影等，创建剪贴蒙版使绘制的图案只显示于脸部，如图 9-54、图 9-55 所示。

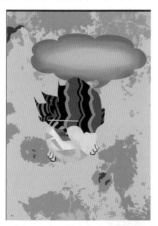

图 9-53　绘制与调整发型

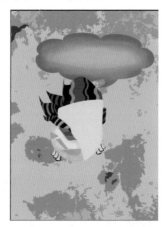

图 9-54　绘制人物脸部轮廓

图 9-55　创建剪切蒙版

（19）新建多个图层绘制面部的眉毛、阴影等元素，创建剪贴蒙版使其显示于面部，如图 9-56 所示。

（20）新建图层，选择椭圆选框工具，在图像上创建椭圆选区，填充选区颜色为肉色，然后取消选区；结合图层蒙版隐藏多余图像，在该图层上方新建图层，绘制阴影、高光等并创建剪贴蒙版。

（21）绘制不规则图案、胡子等，按图绘制图案的高光和阴影等，指定相应图层对其创建剪贴蒙版，使其显示在对应的图案上。

（22）绘制人物的嘴唇等，注意高光与阴影的绘制，完善画面图案效果。

图 9-56　绘制面部细节

（23）新建图层，结合钢笔工具绘制牙齿的轮廓，新建图层绘制牙齿的阴影等，绘制耳鬓的图案，使人物面部元素逐步完善。

（24）选择人物面部的相关图层，按［Ctrl＋Alt＋Shift＋E］组合键将选定的图层盖印，生成新的图层；更改其混合模式为"柔光"，使面部颜色更加鲜艳；结合钢笔工具绘制眼眶内不规则圆形图案，对其填充红褐色，如图 9 - 57 所示。

（25）新建多个图层，绘制眼眶内的阴影高光以及眼睛等图案，丰富面部元素，如图 9 - 58 所示。

图 9 - 57 绘制人物嘴部

图 9 - 58 绘制卡通眼睛

（26）绘制另外一只眼睛的图案效果，完成面部五官的绘制，如图 9 - 59 所示。

（27）新建图层，结合钢笔工具绘制人物旁边的红色图案；新建多个图层，绘制图案的高光、阴影等，选择相关图层创建剪贴蒙版，使其只显示于图案之上；重复此操作，继续绘制旁边的蓝色图案，如图 9 - 60 所示。

图 9 - 59 完成面部并调整

图 9 - 60 绘制红色、蓝色图案

（28）绘制其他小图案元素；结合钢笔工具勾画文字路径，转化为选区后对不同的文字部分填充不同颜色；结合"斜面和浮雕"图层样式调整文字立体效果，如图 9 - 61、图 9 - 62 所示。

图 9 - 61　输入文字　　　　　　　　图 9 - 62　调整文字效果

（29）新建多个图层，绘制文字的高光部分，选定高光所在的多个图层，创建剪贴蒙版，使它们只显示于文字之上；继续绘制云朵里的文字图案，对它们填充不同的颜色，并绘制高光，同时将"纹理.jpg"文件移动至该文件中，更改其混合模式为"正片叠底"，"不透明度"为 70％；选定相关图层创建剪贴蒙版，使其显示于上方文字上，如图 9 - 63 所示。

（30）盖印可见图层，生成新图层，同比例缩小封面图像，结合图层蒙版调整图像形状；在该图层下方新建图层并填充灰色；继续新建图层，在书本下方绘制阴影，在"图层"面板最上方新建图层，创建矩形选区，对其填充颜色为（R113、G113、B113），更改其混合模式为"深色"、"不透明度"为 20％，加深阴影效果，如图 9 - 64 所示。至此，本实例制作完成。

图 9 - 63　创建剪切蒙版　　　　　　图 9 - 64　效果完成

9.3.4　古风书籍封面设计

设计思路分析：

古典风格的书籍封面设计，在用色和配图方面比较考究。本实例选择梅花和中国京剧的造型，加上怀旧的色调，合理搭配文字元素，达到极具古典效果又不呆板的封面氛围。

最终效果

主要使用工具：

矩形选框工具、横排文字工具、斜面和浮雕图层样式、投影图层样式、图层混合、直线工具等。

操作步骤：

1. 书籍平面效果

（1）新建文件。按［Ctrl＋N］组合键，执行"新建"命令。在弹出的"新建"对话框中设置"宽度"为 42.6 厘米，"高度"为 30.3 厘米，"分辨率"为 100 像素/英寸。

（2）创建参考线。执行"视图"命令，在弹出的"新建参考线"对话框设置"取向"为垂直，"位置"为 21.3 厘米，如图 9-65 所示。

（3）添加底图素材。打开素材"底图.tif"，拖动到当前文件中，然后移动到适当位置，如图 9-66 所示。

图 9-65 新建文件

图 9-66 打开"底图"素材

（4）添加脸谱素材。打开素材"脸谱.tif"，拖动到当前文件中，然后移动到适当位置，如图 9-67 所示。

（5）混合图层。更改"脸谱"图层混合模式为颜色加深，如图 9-68 所示。

图 9-67 打开"脸谱"素材

图 9-68 添加混合模式

（6）创建书脊。新建图层，命名为"书脊"；选择"矩形选框工具"，拖动鼠标绘制书脊，并填充为橙色（♯f4cb4b），如图 9-69 所示。

（7）添加梅花和花瓣素材。打开素材"梅花 tif"，拖动到当前文件中，然后移动到适当位置；打开素材"花瓣.tif"，拖动到当前文件中，然后移动到适当位置，如图 9-70 所示。

图 9-69 绘制书脊

图 9-70 打开"梅花"素材

（8）添加文字。使用"横排文字工具"输入文字"春风秋月"，在选项栏中设置为"薛文轩钢笔楷体"，"字体大小"为 100 点。

（9）添加斜面和浮雕图层样式。双击文字图层，在弹出的"图层样式"对话框中选中"斜面和浮雕"复选框，设置"样式"为内斜面，"方法"为平滑，"深度"为 235％，"方向"为上，"大小"为 7 像素，"软化"为 1 像素，"角度"为 120 度，"高度"为 30°，"高光模式"为滤色，"不透明度"为 75％，"阴影模式"为正片叠底，"不透明度"为 75％，如图 9-71 所示。

（10）添加投影图层样式。在"图层样式"对话框中，选中"投影"复选框，设置投影颜色为（♯b1adad），"不透明度"为 75％，"角度"为 120°，"距离"为 8 像素，"扩展"为 32％，"大小"为 8 像素，选中"使用全局光"复选框，如图 9-72 所示。

图 9-71 绘制字体效果

图 9-72 调整效果

（11）添加枝干图片。打开素材"枝干.tif"，然后拖动到当前文件，执行自由变换拖动到适当位置，按［Ctrl＋T］组合键变换操作，适当变窄图像。

（12）调整不透明度。将"枝干"图层"不透明度"降低为 30％，如图 9-73 所示。

（13）绘制色块。新建图层，并命名为"色块"；选择"矩形选框工具"，拖动鼠标绘制色块，填充深黄色（♯c89630）。

（14）复制文字。复制"春风秋月"文字图层，调整"文字大小"为 40 点，移动到书脊位置，如图 9-74 所示。

图 9 - 73　打开"枝干"素材

图 9 - 74　复制文字调整位置大小

（15）绘制直线。新建图层，命名为"书脊直线"；选择"直线工具"，在选项栏中选择"像素"选项，设置"粗细"为 3 像素，拖动鼠标绘制两条直线。

（16）输入字母。使用"横排文字工具"在图像中输入字母，在选项栏中设置"字体"为 Gabriola，"字体大小"为 21 点，适当旋转字母方向。

（17）继续输入文字。使用"横排文字工具"，在图像中输入文字，在选项栏中设置"字体"为方正姚体，"字体大小"分别为 10 点和 12 点。

（18）复制文字。复制"春风秋月"文字图层，移动到左侧适当位置，如图 9 - 75 所示。

（19）绘制左侧直线。新建"左侧直线"图层，设置前景色为更深的黄色（♯c79845），使用相同的方法绘制两条直线。

（20）输入文字。使用"横排文字工具"在图像中输入文字，在"字符"面板中设置"字体"为仿宋，"字体大小"为 16 点，"行距"为 2.5 点，单击"仿粗体"按钮。

（21）添加条形码素材。打开素材"条形码 . tif"，拖动到当前文件中，然后移动到适当位置，如图 9 - 76 所示。

图 9 - 75　复制文字调整位置

图 9 - 76　打开"条形码"素材

图 9 - 77　输入文字

（22）添加文字。使用"横排文字工具"在条形码下方输入文字"定价：66.00"，在选项栏中设置"字体"为黑体，"字体大小"为 9 点，如图 9 - 77 所示。

2. 书籍立体效果

（1）新建文件。按［Ctrl＋N］组合键，执行"新建"命令，在弹出的"新建"对话框中设置"宽度"为 28 厘米，"高度"为 28 厘米，"分辨率"为 150 像素/英寸。

（2）新建"底色"图层。新建"底色"图层，填充任意颜色。

（3）添加渐变叠加图层样式。双击"底色"图层，在弹出的"图层样式"对话框中选中"渐变叠加"复选框，"角度"为 90，"缩放"为 100％，选中"反向"复选框，单击渐变色条。

（4）设置渐变色。在弹出的"渐变编辑器"对话框中，设置渐变色为深黄（♯2e2420）到黄到（♯af9c75）白。

（5）复制封面图像。打开"封面展开图设计.psd"，使用矩形选框选中封面内容，执行"编辑"复制图像，然后切换回立体效果复制粘贴图像到文件中，命名为"封面"。

（6）设置渐变色。在"渐变编辑器"对话框中，设置渐变色为深黄（♯2e2420）黄（♯a975）白，填充，如图 9-78 所示。

（7）创建投影选区新建图层，命名为"投影"使用"矩形选框工具"创建选区，填充黑色。

（8）添加图层蒙版。为"投影"图层添加图层蒙版，使用黑白"渐变工具"调整图层蒙版。

（9）变换图像。执行"编辑"→"变换"→"斜切"命令，拖动中上部的变换点，变换图像。

（10）调整图层顺序。将"投影"图层移动到"封面"图层下方，如图 9-79 所示。

图 9-78　设置渐变

图 9-79　绘制投影

（11）复制书脊图像。切换回书籍展开图文件中，使用"矩形选框工具"选中书脊内容，执行"编辑"→"合并拷贝"命令，复制图像。

（12）粘贴书脊图像。切换回立体效果图文件中，粘贴图像，命名为"书"。

（13）缩小书脊图像。执行自由变换操作，缩小书脊图像，使封面的高度保持一致。

（14）斜切变换书脊图像。执行"编辑"→"变换"→"斜切"命令，拖动左中部的交换点，变换图像，如图 9-80 所示。

（15）创建顶部色条。新建图层，命名为"顶部条"，顶部宽度和封面的宽度一致。

（16）斜切变换书脊图像。执行"变换选区"命令，然后右击，在弹出的快捷菜单中选择"斜切"命令。

（17）斜切变换图像。拖动中上部的控制点，斜切变换图像；选择"渐变工具"，单击选项栏中的渐变色条，在弹出的"渐变编辑器"对话框中设置渐变色为深灰（♯908b88）到浅灰（♯e5e3e2）。

（18）填充渐变色。拖动"渐变工具"填充渐变色，如图 9-81 所示。

图 9 - 80　添加书脊

图 9 - 81　顶部条渐变

（19）复制图层。复制"书脊"图层，命名为"书脊投影"，并移动到下方适当位置。

（20）变换图像。执行"编辑"→"变换"→"水平翻转"命令，执行"编辑"→"变换"→"垂直翻转"命令。更改"书脊投影"图层"不透明度"为 43％。

图 9 - 82　绘制倒影

（21）制作封面投影。复制"封面"图层，命名为"封面投影"；按［Ctrl＋T］组合键，执行自由变换操作，将变换中心点移动到中下方，执行"编辑"→"变换"→"垂直翻转"命令。

（22）变换图像。更改"封面投影"图层"不透明度"为 43％。

（23）添加模糊效果。执行"滤镜"→"模糊"→"动感模糊"命令，在弹出的"动感模糊"对话框中设置"角度"为－84°，"距离"为 30 像素，完成最终效果，如图 9‑82 所示。

9.3.5　个性潮流封面设计

设计思路分析：

本小节先按照画册规定尺寸添加两条垂直参考线，划分封面的版面，接着制作封面背景并加主体人像素材进行美化。主要设计流程为"填充封面背景"→"为人像素材添加滤镜"→"制作高品质双色调效果"。

最终效果

主要使用工具：

调整图层、矩形选框工具、横排文字工具、斜面和浮雕图层样式、图层混合、滤镜等。

操作步骤：

1. 封面设计效果

（1）先按［Ctrl+N］组合键打开"新建"对话框，再自定义"宽度"为 440 mm，"高度"为 285 mm，"分辨率"为 72 像素/英寸（实际应为 300 以上），"背景内容"为白色，最后单击"确定"按钮，如图 9-83 所示。

（2）按［Ctrl+R］组合键显示标尺，在 210 mm 和 230 mm 处添加两条垂直参考线，将画布从左到右划分为封底、书脊和封面 3 个区域，如图 9-84 所示。

图 9-83　新建图像文件

图 9-84　显示标尺

（3）执行"文件"→"置入"命令打开对话框，将"牛皮纸.jpg"素材文件置入练习文件中，然后将素材拉大增满整个画布，完成后按 Enter 键确定置入，以此加强封面纸张的质感，如图 9-85 所示。

（4）执行"滤镜"→"杂色"添加杂色命令，打开"添加杂色"对话框，调整参数后单击"确定"按钮，为"牛皮纸"添加杂色，增强质感，如图 9-86 所示。

图 9-85　置入"牛皮纸"素材

图 9-86　执行滤镜

（5）当前的杂色颗粒分布过于均匀，下面单击选中"牛皮纸"智能滤镜的蒙版缩览图，进入蒙版编辑状态，然后使用画笔工具配合黑色的前景色在蒙版上涂抹黑色，将摆放书名和简介位置的杂点隐藏起来，如图 9-87 所示。

（6）在"图层"面板中重新选中"牛皮纸"智能对象，将其"不透明度"降低至 25%，这样封面的底色就制作好了，如图 9-88 所示。

图 9–87　创建蒙版

图 9–88　调整不透明度

（7）先执行"文件"→"置入"命令打开对话框，将"画册人像.psd"素材文件置入到练习文件中，接着将其放大至画布的右下角，完成后按 Enter 键确定置入。

（8）执行"滤镜"→"杂色"→"减少杂色"命令打开"减少杂色"对话框，在"基本"模式下对"强度""保留细节""减少杂色和""锐化细节"等选项进行设置；接着切换至"高级"模式，分别对"红""绿""蓝"3 个通道的"强度"和"保留细节"选项进行设置，完成后单击"确定"按钮，如图 9–89～图 9–92 所示。

图 9–89　减少杂色

图 9–90　设置红色通道

图 9–91　设置绿色通道

图 9–92　设置蓝色通道

（9）降低噪点后，"画册人像"的细节过于清晰锐利，下面执行"滤镜"→"滤镜库"命令打开对话框，然后展开"艺术效果"滤镜组，再选择"水彩"滤镜，接着设置"画笔细节""阴影强度"和"纹理"3 个选项的数值，预览效果满意后单击"确定"按钮。

（10）单击"创建新的填充或调整图层"按钮，选择"通道混合器"选项，在"画册人像"图层的上方添加一个"通道混合器"调整图层，接着创建剪贴蒙版，勾选"单色"复选框，然后分别调整"红色""绿色""蓝色"选项的数值，将人像的皮肤和高光处调成纯白色，制作出高质量的黑白图像效果，如图 9-93～图 9-95 所示。

图 9-93 执行滤镜   图 9-94 调整数值   图 9-95 设置人物效果

（11）上一步骤的操作丢失了部分头发边缘的轮廓细节，下面单击"通道混合器"调整图层的蒙版缩览图，使用画笔工具配合黑色的前景色先涂抹头发边缘，还原这些丢失的颜色细节，接着在衣服上涂抹，还原衣服的蓝色，以便后续能较好地为衣服着色，如图 9-96 所示。

（12）继续为"画册人像"图层添加一个"色阶"调整图层，并创建成剪贴蒙版，然后在调整面板中通过 3 个滑块设置"阴影""中间调""高光" 3 项，输入色阶的数值，增强画面的对比度，如图 9-97、图 9-98 所示。

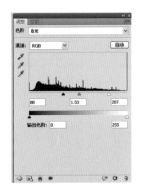

图 9-96 调整人物细节   图 9-97 调整色阶   图 9-98 增强对比效果

（13）同时选中"画册人像"图层和通道混合器"色阶"两个调整图层，按〔Ctrl＋G〕组合键编成一组，为新组命名为"人像备份"；接着按〔Ctrl＋J〕组合键复制出人像备份副本图层组，隐藏"人像备份"图层组；再按〔Ctrl＋E〕组合键将"副本"组合并成单个图层，再重命名为"画册人像"，准备后续为其添加水彩艺术效果，如图 9-99 所示。

2. 制作富有质感的油画效果

（1）选择画笔工具并在选项栏中打开"画笔预设"选取器，单击按钮并选择"载入画笔"选项，打开"载入"对话框，在素材文件夹中双击"水彩笔刷.abr"素材，将其载入"画笔预设"选取器中，再次单击按钮，选择"大缩览图"选项，即可显示较大的笔刷缩览图，如图 9-100 所示。

图 9 - 99　合并图层为"画册人像"

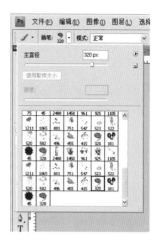

图 9 - 100　载入画笔预设

（2）按 F5 键打开"画笔"面板，先在"画笔笔尖形状"选项中找到上一步骤载入的"1450"号笔刷并降低"大小"为 500 像素左右，接着分别在" 形状动态""散布""颜色动态"3 个选项中设置详细的画笔属性，最后设置前景色为粉红色、背景色为浅蓝色，如图 9 - 101 所示。

（3）在"图层"面板中创建一个名为"画笔涂抹"的新图层，然后使用上一步骤定义好的画笔在"画册人像"上不断单击或者涂抹，为其填充各种颜色的笔刷形状，填充效果随机即可，后续还要进行多次调色操作，关键是笔触所创建的纹理效果，如图 9 - 102 所示。

图 9 - 101　设置画笔绘制效果

图 9 - 102　绘制纹理效果

（4）在"画笔涂抹"图层的上方创建一个"色相/饱和度"调整图层，在"调整"面板中将其创建成剪贴蒙版，然后分别调整"色相""饱和度""明度"选项，使上一步骤涂抹的颜色增加多种色系，并使色彩更加明快好看，如图 9 - 103 所示。

（5）在图层面板中将"画册人像"拖至"色相/饱和度"调整图层的上方，然后更改图层混合模式为"叠加"，使"画笔涂抹"的效果应用到人像上，如图 9 - 104 所示。

图 9-103　调整颜色效果　　　　　　　　　图 9-104　添加人物

（6）接下来需要将"画册人像"像素以外的画笔涂抹部分隐藏起来，以载入目标选区。先将"画册人像"以外的所有图层隐藏起来，再切换至"通道"面板，按住 Ctrl 键单击 RGB 通道，快速创建出除头发、衣服和阴影以外的高光部分选区，如图 9-105 所示。

（7）重新显示上一步骤隐藏的图层，再选中"画笔涂抹"图层，按住 Alt 键单击"添加图层蒙版"按钮，为该图层添加一个"显示全部"的蒙版，将人像以外的涂抹部分隐藏起来，如图 9-106 所示。

图 9-105　涂抹隐藏部分　　　　　　　　　图 9-106　添加图层蒙版

（8）目前"画册人像"图层中人像的皮肤与高光区都为白色，下面我们需要进一步隐藏这些部分，以透露出封面背景的"牛皮纸"。先选中"画册人像"图层，再执行"选择"→"色彩范围"命令打开对话框，先在"图像"视图模式中使用吸管工具，单击人像脸部的白色区域，接着切换至"选择范围"视图模式，即可看到人像脸部的区域已经变成白色的选区范围了，完成后单击"确定"按钮即可载入高光选区，如图 9-107 所示。

（9）按住 Alt 键单击"添加图层蒙版"按钮，为"画册人像"图层添加一个"隐藏全部"的蒙版，隐藏人像中的白色高光区域，如图 9-108 所示。

（10）按住 Ctrl 键选中"画笔涂抹""色相/饱和度""画册

图 9-107　调整效果

人像"3 个图层，按［Ctrl＋G］组合键将它们编成一组，命名为"着色后的人像"。接着按
［Ctrl＋J］组合键复制出"着色后的人像副本"图层组，将"着色后的人像"图层组调至最
上方，并按［Ctrl＋E］组合键合并成单个图层，如图 9-109 所示。

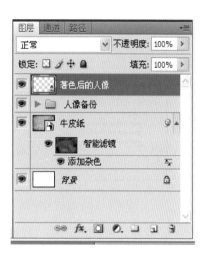

图 9-108　添加图层蒙版　　　　　　　　　　图 9-109　合并图层

　　（11）当前人像油画的色调有点杂乱，各色系混杂在一起，下面为"着色后的人像"图
层添加一个"选取颜色"调整图层，然后分别对各颜色进行色彩调整，使人像的左侧呈黄绿
色系、右侧呈蓝紫色系，如图 9-110、图 9-111 所示。

图 9-110　设置红、黄、绿、黑色通道

图 9-111　调整
人物效果

　　（12）选择渐变工具并在选项栏中单击渐变条，打开"渐变编辑器"
对话框。接着单击⚙️按钮，在打开的菜单中选择"杂色样本"选项，弹出
"渐变编辑器"提示框，单击"追加"按钮，最后选择"日出"杂色渐变
选项，并设置"粗糙度"为 40%，使渐变过渡得平滑一些，完成后单击
"确定"按钮，如图 9-112 所示。

　　（13）按［Shift＋Ctrl＋N］组合键打开"新建图层"对话框，接着输
入"名称"为"最后着色"，再选择"色相"模式并单击"确定"按钮；
使用渐变工具配合"线性"渐变模式，在人像上拖动填充杂色渐变效果，
最后按［Alt＋Ctrl＋G］组合键将其创建为剪贴蒙版，仅对着色后的人像
图层起作用，为其重新着色，如图 9-113 所示。

191

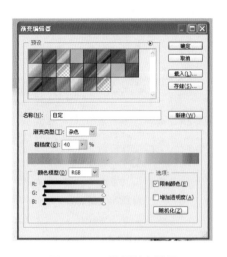

图 9 - 112 设置渐变效果   图 9 - 113 创建剪切蒙版

(14) 先隐藏"牛皮纸"和"背景"图层，按［Ctrl＋Alt＋Shift＋E］组合键将人像效果盖印成"图层 1"；然后重新显示"牛皮纸"和"背景"图层，再隐藏"最后着色""选取颜色 1""着色后的人像"3 个图层，最后将"图层 1"重命名为"盖印后的人像"，再右击图层并执行"转换为智能对象"命令，如图 9 - 114 所示。

(15) 完成"画册人像"的纹理与色调处理后，接下来我们还要为其添加艺术效果。下面执行"滤镜"→"滤镜库"命令打开对话框，然后展开"艺术效果"滤镜组，再选择"水彩"滤镜，接着设置"画笔细节""阴影强度""纹理"3 个选项的数值，增强油画的抽象感，如图 9 - 115 所示。

图 9 - 114 执行转换为智能对象命令   图 9 - 115 执行滤镜

(16) 继续在滤镜库对话框的右下方单击"添加效果图层"按钮，这时会自动新增一个现有的滤镜（水彩），然后重新选择"绘画涂抹"滤镜，并设置"画笔大小""锐化程度""画笔类型"3 个选项，调出油画特有的光泽与立体质感，预览效果满意后单击"确定"按钮，如图 9 - 116 所示。

(17) 选中除"牛皮纸"和"背景"以外的所有图层，按［Ctrl＋G］组合键将它们编成一组，然后重命名为"艺术人像效果"，如图 9 - 117 所示。

图 9 - 116　调整滤镜参数

图 9 - 117　编组

3. 加入封面素材并绘制书脊

主要设计流程为"加入画笔素材与条形码"→"绘制书脊与水彩喷溅效果"。

最终效果

（1）打开"文件"→"置入"命令，打开对话框，将"画笔素材 .jpg"素材文件置入至练习文件中，然后将其调至封底的左上角，完成后按 Enter 键确定置入，如图 9 - 118 所示。

（2）由于置入的"画笔素材"是白色的背景，下面将"画笔素材"的混合模式设置为"变暗"，快速去除白色背景，接着单击"添加图层蒙版"按钮，为其添加一个"显示全部"的蒙版，然后选择渐变工具并设置黑色到白色的渐变属性，为"画笔素材"的蒙版填充黑白线性渐变，使之产生淡出效果，如图 9 - 119 所示。

图 9 - 118　置入"画笔素材"

图 9 - 119　在蒙版里填充渐变

（3）为了与淡黄的主色调相衬，在"画笔素材"图层添加一个"照片滤镜"调整图层，通过调整面板预设"加温滤镜（85）"的"浓度"提升至 45%，如图 9 - 120 所示。

图 9-120　调整色调

（4）执行"文件"→"置入"命令打开对话框，将"条形码.psd"素材文件置入至封底的右下角，完成后按 Enter 键确定置入，如图 9-121 所示。

（5）在"图层"面板中新增一个名为"书脊"的新图层，然后使用矩形选框工具沿书脊两侧的参考线创建一个与封面高度相同的矩形选区，准备用于填充书脊，如图 9-122 所示。

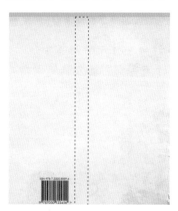

图 9-121　置入"条形码"素材　　　　　　　图 9-122　绘制书脊

（6）选择画笔工具并在"画笔"面板中选择前面载入的"2400"号笔刷，接着设置"大小"与"颜色动态"属性，然后设置前景色为紫红色、背景色为白色，最后在书脊选区上通过多次单击用画笔填充书脊，之所以设置"颜色动态"，是为了有多种色彩，如图 9-123 所示。

（7）加入封面素材并绘制好书脊后，下面在封面的边角或者空旷位置添加一些随机的水彩喷溅效果。我们可以先在"书脊"图层的下方创建一个名为"水彩喷溅效果"的新图层，如果对涂绘的效果不满意，删除该图层即可，如图 9-124 所示。

（8）参考上一步骤的方法，使用不同的笔刷配合不同的前景色，在封面的适当位置涂绘其他水彩喷溅效果，如图 9-125 所示。

图 9-123　填充颜色　　图 9-124　添加水彩喷溅效果　　　　图 9-125　添加水彩喷溅效果

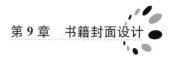

4. 设计封面文字

（1）使用横排文字工具在封面的上方输入主书名，然后在"字符"面板中设置字符属性，建议选用笔画较粗的字体，颜色任意即可，如图 9-126 所示。

（2）执行"图层"→"图层样式"→"投影"命令，打开"图层样式"对话框，在"投影"选项下为文字添加淡淡的黑色投影效果，使其更加厚重，完成后单击"确定"按钮，如图 9-127 所示。

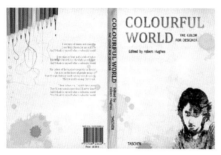

图 9-126　添加文字

图 9-127　添加投影效果

（3）选择渐变工具并打开"渐变编辑器"对话框，选中上一小节载入的"红色"杂色样式，设置"粗糙度"为 50%，最后单击"确定"按钮，准备用此渐变为书名重新着色，如图 9-128 所示。

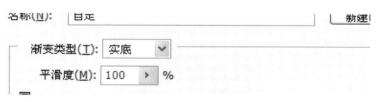

图 9-128　设置渐变效果

（4）在书名图层的上方创建一个名为"重设书名颜色"的新图层，并按［Alt＋Ctrl＋G］组合键将其创建成剪贴蒙版；接着在书名文字上拖动填充"红色"杂色渐变，如果一次填充无法达到预期效果，可以多次尝试，如图 9-129 所示。

（5）为了使主标题呈现时尚抽象的流畅纹理效果，下面使用钢笔工具配合"形状"绘制模式在文字上绘制一块不规则的白色形状，同时在"图层"面板中新增"形状 1"新图层，如图 9-130 所示。

图 9-129　添加渐变

图 9-130　绘制形状

（6）选择"形状 1"图层并按［Alt＋Ctrl＋G］组合键，将其创建成剪贴蒙版，使白色的效果仅应用于下方的书名图层；接着将"填充"选项的数值降低至 15%，如图 9－131 所示，得到初步的纹理效果。

（7）执行"图层"→"图层样式"→"内发光"命令，打开"图层样式"对话框，在"内发光"选项下设置"结构"与"图素"两项属性，为纹理添加黄色的内发光效果，完成后单击"确定"按钮，如图 9－132 所示。

图 9－131　设置形状 1 图层填充数值　　　　　图 9－132　设置图层样式

（8）使用步骤（5）～（7）的方法，继续在书名文字上绘制出"形状 2""形状 3""形状 4"3 个形状图层，使书名上的纹理效果更加丰富，如图 9－133 所示。

（9）使用横排文字工具在封面上输入"副书名""作者""出版社"3 个文字图层，然后通过"字符"面板分别设置字符属性，如图 9－134 所示。

图 9－133　绘制形状　　　　　　　　　图 9－134　添加文字

（10）使用竖排文字工具建在书脊上再次输入主书名，其中字符必须与封面上的一致，然后在"字符"面板中适当降低"大小"与"水平缩放"值，其中颜色为黑色，如图 9－135 所示。

图 9－135　设置文字效果

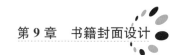

（11）使用前面方法，先复制出"作者"与"出版社"两个文字层的副本，然后通过单击"切换文本取向"按钮，更改文字的方向，接着移至书脊的下半部分，其中对"Edited byRobert Hughes"作者名称进行换行处理，可以得到更美观的排版效果，如图 9 - 136 所示。

（12）使用横排文字工具在封底的空位输入本画册的内容简介，每个段落可以空出一行作为分隔。至此，本例的画册封面设计已经全部制作完毕，如图 9 - 137 所示。

图 9 - 136　编辑文字

图 9 - 137　效果完成

9.4　课后练习

1. 设计思路分析：在本习题中，应用"阈值"调整图层与"颜色填充"调整图层，制作画面矢量风格，统一画面色调，制作个性化的书籍封面效果，运用文字工具在图像中输入文字说明，丰富画面效果。

Photoshop 特效技法点拨：

（1）采用横排文字工具输入白色文字，并适当调整字母的大小与字体。

（2）采用多边形套索工具创建书页的选区，填充选区颜色，结合图层样式制作书脊的厚度，创建书籍立体效果。

（3）添加素材图像，运用"阈值"调整命令，将人物转换为强烈黑白对比图像，并适当调整图像大小与位置。

最终效果

2. 根据以下设计文案，参考效果图用给出素材完成本习题制作。

（1）书名：《色彩心理——春日的感觉》。

（2）作者：小林星越。

（3）封面：每个人的生命里，都装有一个自己的春天吧？所有的幻想，所有的曾经，以及所有的美好，都是春天的颜色，涂满了生命的画板。每一次感动，每一次温暖，和每一次快乐都是春天的颜色。春天，是大自然送给我们的最美好的礼物。

（4）后勒口：纯粹色彩科学称为色彩工程学，包括色法、测色法、色彩计划设计、色彩调节、色彩管理等。包装色彩学是色彩工程学在包装色彩设计与色彩复制等方面的具体应用，是自然色彩、社会色彩和艺术色彩的有机统一。

（5）尺寸：28.5 cm×55.5 cm（勒口：5.4 cm；书脊：2.4 cm）。

最终效果

第 10 章　包装设计

包装设计是印在商品包装物上的设计。包装设计的最大长处是经济实惠，因包装设计的费用可以计入商品包装费之内，没有额外的投资。因此，包装设计可为企业节省下一笔广告费。运用包装设计宣传时，广告人员应考虑到包装设计和产品之间的协调性，以引起消费者的兴趣。包装设计的不足之处在于，广告宣传范围较小，能接触到广告的消费者仅局限于广告期内正好购买该产品的目标市场。因此，包装设计只被广告人员用来作为其他广告活动的辅助活动。

10.1　包装设计的分类

包装设计通常分为以下三类：

1. 造型设计

包装造型设计又称形体设计，大多指包装容器的造型。它运用美学原则，通过形态、色彩等因素的变化，将具有包装功能和外观美的包装容器造型，以视觉形式表现出来。包装容器必须能可靠地保护产品，有优良的外观，还需具有相适应的经济性等。

2. 结构设计

包装结构设计是从包装的保护性、方便性、复用性等基本功能和生产实际条件出发，依据科学原理对包装的外部和内部结构进行具体考虑而得的设计。一个优良的结构设计，应当以有效地保护商品为首要功能；其次应考虑使用、携带、陈列、装运等的方便性；还要尽量考虑能重复利用，能显示内容物等功能。

3. 装潢设计

包装装潢设计是以图案、文字、色彩、浮雕等艺术形式，突出产品的特色和形象，力求造型精巧、图案新颖、色彩明朗、文字鲜明，装饰和美化产品，以促进产品的销售。包装装潢是一门综合性科学，既是一门实用美术，又是一门工程技术，是工艺美术与工程技术的有机结合，并考虑市场学、消费经济学、消费心理学及其他学科。

10.2　包装的设计理念

包装分为外包装和内包装，外包装又称运输包装，主要是为了保护商品在储运过程中内容物免遭损失，因此要求外包装牢固、耐震、防撞击；内包装着重为了美化商品。所以一个优良的包装一般有以下几点要求：

（1）包装的造型要美观大方，图案生动形象，装潢新颖考究，色彩简练协调，不搞模仿，不落俗套，使人耳目一新。

（2）包装应与商品的价值或质量水平相配合。

（3）包装要能显示商品的特点和独特风格。

（4）包装设计要考虑使用、保管和携带的方便。例如，将包装设计为手提式便于携带，易拉罐饮料包装宜于饮用。

（5）包装说明文字要针对用户心理，突出重点，明确特性。如对食品类的包装应用文字说明配方、用料、食用方法、出厂日期、保质期限；药物包装要说明成分、功效、服用量、禁忌、是否有副作用等。

（6）包装设计要考虑消费者习惯风俗、宗教信仰。不同年龄、不同民族、不同地域的人都有不同的习惯、宗教信仰。

10.3 优秀案例

10.3.1 饼干包装设计

最终效果

设计思路分析：

饼干包装设计要符合品牌的定位和价值属性，在此基础上针对不同的口味以及不同的消费群体进行一定的差异化设计。本实例中的饼干包装设计整体采用巧克力色系，与主体物饼干的色彩相统一，文字的处理恰到好处，整体画面协调而具有质感。

主要使用工具：

图层蒙版、剪贴蒙版、画笔工具、自定形状工具、钢笔工具、图层混合模式、自由变换命令、"投影"图层样式等。

操作步骤：

（1）执行"文件"→"新建"命令，在弹出的对话框中设置各项参数并单击"确定"按钮，新建一个图像文件。

（2）新建一个"包装"图层组，在其中新建"组 1"，使用矩形工具，在画面中绘制一个矩形，使用直接选择工具对其外形进行调整，形成包装外形；使用自定形状工具，在画面中绘制一个靶标形状，创建剪贴蒙版并设置图层混合模式为"柔光"；结合图层蒙版和画笔工具隐藏部分图像色调，如图 10-1 所示。

（3）新建一个"圆形"图层组，使用椭圆工具在画面上方绘制一个正圆形状，多次复制该形状并调整形状位置；使用相同的方法，新建一个"三角形"图层组，并使用多边形工具绘制形状，如图 10-2 所示。

图 10-1　绘制包装外形

图 10-2　绘制形状并复制

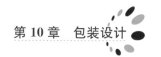

（4）按［Ctrl＋Alt＋Shift＋E］组合键，分别盖印"圆形"和"三角形"图层组，得到"圆形（合并）"和"三角形（合并）"图层；多次复制该图层，分别调整图像位置并创建剪贴蒙版，使其沿着包装外形排列，如图 10 - 3 所示。

（5）使用矩形工具、自定形状工具和椭圆工具，在画面上方绘制多个形状，然后分别多次复制各形状图层，调整形状位置后创建剪贴蒙版，如图 10 - 4 所示。

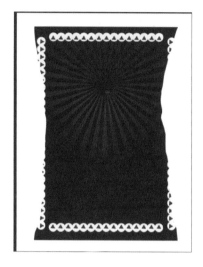

图 10 - 3　复制并创建剪切蒙版

图 10 - 4　绘制其他形状

（6）依次打开"麦穗．png""玉米．png"和"向日葵．png"文件，分别拖至当前图像文件中，并调整其位置；结合图层蒙版和画笔工具隐藏麦穗部分图像色调，分别复制这些图层并调整图像位置，如图 10 - 5 所示。

（7）新建"组 2"，使用自定形状工具在画面中绘制一个形状；复制该形状并调整形状大小、颜色和位置，为其添加"外发光"图层样式，如图 10 - 6 所示。

图 10 - 5　添加素材

图 10 - 6　绘制形状

（8）按住 Ctrl 键选择"形状 3"和"形状 3 副本"图层，按［Ctrl＋J］组合键复制图层，结合自由变换命令调整图像大小和位置，如图 10 - 7 所示。

（9）使用椭圆工具和自定形状工具在画面中绘制多个形状；复制部分形状图层并调整其位置，结合图层蒙版和画笔工具隐藏部分图像色调，如图 10-8 所示。

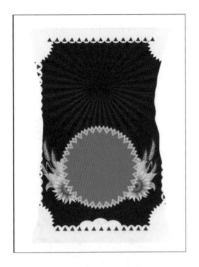

图 10-7　复制并调整位置大小

图 10-8　绘制图形创建剪切蒙版

（10）打开"饼干.png"文件，将其拖至当前图像文件中并调整其位置，为该图层添加"投影"图层样式，多次复制该图层，调整图像位置和图层上下关系，如图 10-9 所示。

（11）使用矩形工具在画面中绘制一个矩形形状并为其添加"投影"图层样式，如图 10-10 所示。

图 10-9　打开"饼干"素材

图 10-10　添加投影

（12）使用钢笔工具在画面中绘制一个不规则形状；新建图层，设置前景色为橘黄色（R247、G182、B3），结合图层蒙版和画笔工具绘制图像并创建剪贴蒙版，如图 10-11 所示。

（13）结合钢笔工具、画笔工具和图层蒙版绘制多个形状。按住 Ctrl 键选择"形状 6""形状 7"图层，按［Ctrl＋Alt＋Shift＋E］组合键盖印图层并调整图像位置，形成对称的图像效果，如图 10-12 所示。

图 10-11　绘制图形并调整效果

图 10-12　绘制效果

（14）参照前面的方法，继续在画面中绘制多个形状。

（15）新建一个"文字"图层组，使用横排文字工具，在画面中输入文字，如图 10-13 所示。

（16）新建"组 3"，按［Ctrl＋Alt＋Shift＋E］组合键盖印包装图层组。使用钢笔工具在包装左侧绘制一个不规则形状，置图层混合模式为"柔光"，结合图层蒙版和画笔工具，隐藏局部色调，形成高光图像效果，如图 10-14 所示。

图 10-13　输入文字

图 10-14　设置参数并调整效果

（17）结合钢笔工具、画笔工具和图层蒙版在画面中多次绘制图像，创建剪贴蒙版，并相应调整各图层的混合模式，形成包装的暗部和高光效果，如图 10-15 所示。

（18）在"组 3"下方新建图层，使用渐变工具填充线性渐变，形成背景图像效果，如图 10-16 所示。至此，本实例制作完成。

图 10-15　绘制明暗效果

图 10-16　填充渐变

10.3.2　番茄酱包装设计

设计思路分析：

番茄酱包装的设计风格要根据其特征而定。不同的包装设计需要使用不同的颜色、构造和表现方式，从而呈现出恰当的画面效果。本实例中的番茄酱包装设计采用对比度较高的红色和绿色相搭配，给人以田园般的清新感受，整体构图自由而主题鲜明，渲染出大自然般的画面氛围。

主要使用功能：

图层蒙版、剪切蒙版、画笔工具、椭圆工具、矩形工具、钢笔工具、自定义形状工具、图层混合模式、"可选颜色"调整图层、"描边"图层样式、"投影"图层样式等。

操作步骤：

（1）执行"文件"→"新建"命令，在弹出的对话框中设置各项参数并单击"确定"按钮，新建一个图像文件，如图 10-17 所示。

最终效果

图 10-17　新建图像文件

（2）新建"图层 1"，使用渐变工具填充线性渐变；新建一个"正面"图层组，单击钢笔工具，在属性栏中设置相应参数，在画面下方绘制一个不规则形状；新建多个图层，依次设置不同的前景色，使用较透明的画笔在画面中涂抹并创建剪贴蒙版，使其形成颜色过渡效果，如图 10 - 18、图 10 - 19 所示。

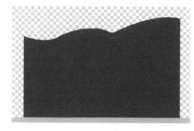

图 10 - 18　绘制图案

图 10 - 19　颜色过渡

（3）参照前面的方法，继续在画面中绘制多个形状，如图 10 - 20 所示。

（4）使用自定形状工具在画面中绘制一个叶子形状，复制该形状并调整其大小和颜色，结合图层蒙版和画笔工具隐藏局部色调，如图 10 - 21 所示。

（5）使用相同的方法，结合椭圆工具在叶子左侧绘制标签形状，并为形状分别添加"渐变叠加""投影"及"斜面和浮雕"图层样式，如图 10 - 22 所示。

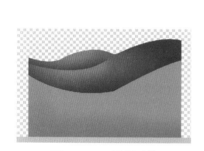

图 10 - 20　绘制形状

图 10 - 21　绘制叶子

图 10 - 22　绘制标签

（6）打开素材"食品 . png"文件，将其拖至当前图像文件中并调整其位置；为该图层添加两个"可选颜色"调整图层，分别设置相应参数并创建剪贴蒙版；选择"选取颜色 2"调整图层的蒙版，使用画笔工具在画面中涂抹以恢复局部色调；然后使用钢笔工具绘制一个不规则形状，复制该形状并调整颜色，结合图层蒙版和画笔工具隐藏局部色调，如图 10 - 23、图 10 - 24 所示。

图 10 - 23　设置黄、红、绿色通道

图 10 - 24　调整颜色

（7）打开"西红柿 . png"文件，将其拖至当前图像文件中并调整其位置，为其添加"投影"图层样式，多次复制该图层并分别调整其位置，使西红柿沿着叶子形状排列，如图 10 - 25 所示。

（8）新建一个"图标"图层组，使用自定形状工具在画面上方绘制一个会话形状，并为其添加"描边"图层样式；使用横排文字工具在其上方输入相应文字；在"图标"图层组中新建一个"花草"图层组，使用自定形状工具中的"装饰3"和"草2"形状，多次复制各形状并结合自由变换命令调整形状大小和位置，从而为文字添加装饰效果，如图 10 - 26 所示。

图 10 - 25　打开"西红柿"素材

图 10 - 26　添加素材和文字

（9）使用相同的方法，新建一个"标志"图层组，在画面左上角绘制出标志形状，然后结合钢笔工具、画笔工具和圆角矩形工具等在画面中绘制多个形状，为画面增添更多小元素，以丰富画面效果，如图 10 - 27 所示。

（10）使用横排文字工具在画面中输入文字，并调整各文字的大小、颜色和位置，对部分文字进行变形，使其与画面中的形状相协调，如图 10 - 28 所示。

图 10 - 27　绘制形状

图 10 - 28　添加文字效果

（11）单击矩形选框工具，在画面中创建一个矩形选区，然后单击"添加图层蒙版"按钮，为"正面"图层组添加图层蒙版，以隐藏选区外的图像色调，如图 10 - 29 所示。

（12）新建一个"侧面"图层组，在其中新建图层，使用矩形选框工具创建选区后为其填充深红色；按［Ctrl＋Alt＋Shift＋E］组合键分别盖印"图标"和"标志"图层组，并将盖印的图层拖至"侧面"图层组中，如图 10 - 30 所示。

（13）参照绘制正面图像的方法，在"侧面"图层组中结合多种工具绘制出相应形状，

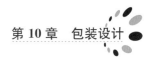

使其与正面图像效果统一，如图 10-31 所示。

图 10-29　添加图层蒙版

图 10-30　绘制侧面

图 10-31　绘制其他

（14）按住 Ctrl 键选择"图层 1"和"正面"图层组，按［Ctrl＋Alt＋Shift＋E］组合键盖印图层组，得到"正面（合并）"图层；再次按［Ctrl＋Alt＋Shift＋E］组合键盖印"侧面"图层组，得到"侧面（合并）"图层，并隐藏图层组；结合自由变换命令对图像进行扭曲变换，使其呈现透视效果；然后复制"图层 1"，得到"图层 1 副本"图层，设置其混合模式为"正片叠底"以加深背景图像色调，如图 10-32 所示。

（15）分别复制"正面（合并）"和"侧面（合并）"图层，并结合自由变换命令对其进行垂直翻转变换，调整图像位置和图层上下关系；结合图层蒙版和画笔工具隐藏局部色调，形成包装的倒影效果，如图 10-33 所示。

（16）依次打开"西红柿.png"和"麦穗.jpg"文件，将其拖至当前图像文件中，复制西红柿图像并调整各图像的位置和图层上下关系；为"图层 21 副本"和"图层 22"分别添加图层蒙版，并使用画笔工具在画面中涂抹以隐藏局部色调，如图 10-34 所示。至此，本实例制作完成。

图 10-32　修改图层混合选项

图 10-33　调整图层位置

图 10-34　添加图层蒙版

10.3.3　橙汁包装设计

设计思路分析：

橙汁包装设计在颜色方面，尽可能地采用橙色、红色、橘色等能够体现橙汁产品的特色，并通过渐变色以及复合色相互搭配，视觉上感染消费者。本案例采用白色和橙色为背景，稍加绿色作为点缀，体现一种夏日清爽的视觉效果，让人在炎热的夏日勾起一种瞬间清爽的感受。

主要使用功能：

图层蒙版、剪切蒙版、画笔工具、圆角矩形工具、钢笔工具、图层混合模式、"高斯模糊"滤镜、渐变工具等。

操作步骤：

1. 使用 CorelDRAW/AI 制作包装平面效果

（1）选择工具箱中的"矩形工具"，绘制一个"宽度"为 140，"高度"为 230 的矩形，设置其"填充"为白色，"轮廓"为无。

（2）执行菜单栏中的"文件"→"导入"命令，选择"橙汁包装设计"→"橙子.png"文件，单击"导入"按钮，在矩形右侧位置单击并调整。

（3）选择工具箱中的"文本工具"，添加文字（Candara），在属性栏的"旋转角度"中输入 90。

（4）选中文字，按［Ctrl＋C］组合键复制，再将文字更改为绿色（R192、G228、B153）；在"外观"面板中，将"宽度"更改为 2，"颜色"更改为绿色（R192、G228、B153），完成之后单击"确定"按钮。

（5）执行菜单栏中的"将轮廓转换为对象"命令，同时选中轮廓及文字，单击属性栏中的"合并"按钮，将两个图形合并。

（6）再将合并后的文字"轮廓"更改为绿色（R156、G194、B116），"宽度"更改为 0.5，完成之后单击"确定"按钮。

（7）按［Ctrl＋V］组合键粘贴文字，选择工具箱中的"交互式填充工具"，再单击属性栏中的"渐变填充"按钮，在图形上拖动，填充绿色（R52、G83、B15）到绿色（R100、G173、B40）再到绿色（R52、G83、B15）的线性渐变。

（8）选择工具箱中的"文本工具"，添加文字（Candara），在属性栏的"旋转角度"文本框中输入 90，效果如图 10-35 所示。

（9）执行菜单栏中的"文件"→"导入"命令，选择素材中的"叶子.png"文件，单击"导入"按钮，在矩形左上角位置单击，导入素材。

（10）执行菜单栏中的"文件"→"打开"命令，选择素材中的"标志.cdr"文件，单击"打开"按钮，将打开的文件拖入当前页面中图像右上角位置，如图 10-36 所示。

图 10-35　添加文字，修改角度　　　　　图 10-36　添加其他素材

2. 使用 CorelDRAW/AI 添加包装信息

（1）选择工具箱中的"矩形工具"，绘制一个矩形，设置其"填充"为橙色（R255、G145、B0），"轮廓"为无。

（2）选择工具箱中的"形状工具"，拖动矩形右上角节点，将其转换为圆角矩形。

（3）选中圆角矩形，执行菜单栏中的"效果"→"添加透视"命令，按住［Ctrl＋Shift］组合键将矩形透视变形。

（4）选中圆角矩形，执行菜单栏中的"对象"→"PowerClip"→"置于图文框内部"命令，将图形放置到下方矩形内部，如图 10－37 所示。

（5）选择工具箱中的"文本工具"，添加文字（Candara）。

（6）以刚才同样的方法选中左上角叶子图像，执行菜单栏中的"对象"→"PowerClip"→"置于图步骤文框内部"命令，将图形放置到下方矩形内部，如图 10－38 所示。

图 10－37　修改图形位置

图 10－38　执行对象

3. 使用 Photoshop 制作包装展示效果

（1）执行菜单栏中的"文件"→"新建"命令，在弹出的对话框中设置"宽度"为 35 厘米，"高度"为 25 厘米，"分辨率"为 72 像素/英寸，新建一个空白画布，将画布填充为橙色（R255、G145、B0）。

（2）执行菜单栏中的"文件"→"打开"命令，选择素材中的"橙汁包装平面.jpg"文件，单击"打开"按钮，将打开的素材拖入画布中并适当缩小，更改其图层名称为"图层1"，如图 10－39 所示。

（3）选择工具箱中的"矩形工具"，在弹出的选项栏中单击"选择工具模式"按钮，在弹出的选项中选择"路径"，沿包装边缘绘制一个矩形路径。

（4）选择工具箱中的"钢笔工具"，在路径左上角单击添加锚点，如图 10－40 所示。

图 10－39　打开素材

图 10－40　使用钢笔工具

（5）以同样的方法在右侧相对位置以及底部相对位置添加锚点。

（6）选择工具箱中的"转换点工具"，单击添加的锚点，选择工具箱中的"直接选择工具"，拖动锚点将路径变形，如图 10-41 所示。

（7）以同样的方法选择工具箱中的"转换点工具"，单击其他几个锚点，选择工具箱中的"直接选择工具"，拖动锚点。

（8）按［Ctrl+Enter］组合键将路径转换为选区。

（9）执行菜单栏中的"选择"→"反选"命令，将选区反选，并删除选区中的图像，完成之后按［Ctrl+D］组合键取消选区，如图 10-42 所示。

图 10-41　拖动锚点变形路径

图 10-42　制作正面包装形状

4. 使用 Photoshop 处理质感

（1）选择工具箱中的"钢笔工具"，在选项栏中单击"选择工具模式"路径按钮，在弹出的选项中选择"形状"，将"填充"更改为无，"描边"更改为白色，"宽度"更改为 6，在包装左侧位置绘制一条线段，将生成一个"形状 1"图层。

（2）执行菜单栏中的"滤镜"→"模糊"→"高斯模糊"命令，在弹出的对话框中单击"栅格化"按钮，在弹出的对话框中将"半径"更改为 5 像素，完成之后单击"确定"按钮，如图 10-43 所示。

（3）按住 Ctrl 键单击"图层 1"图层缩览图，将其载入选区。

（4）执行菜单栏中的"选择"→"反选"命令将选区反选。选中"形状 1"图层，将选区中的图像删除，完成之后按［Ctrl+D］组合键取消选区，如图 10-44 所示。

图 10-43　绘制形状

图 10-44　反选命令

（5）选择工具箱中的"钢笔工具"，在选项栏中单击"选择工具模式"路径按钮，在弹出的选项中选择"形状"，将"填充"更改为黑色，"描边"更改为无，在包装右侧位置绘制一个不规则图形，将生成一个"形状 2"图层。

图 10 - 45　绘制形状 2

（6）选中"形状 2"图层，将其"不透明度"更改为 20%。如图 10 - 45 所示。

（7）执行菜单栏中的"滤镜"→"模糊"→"高斯模糊"命令，在弹出的对话框中单击"栅格化"按钮，在弹出的对话框中将"半径"更改为 2 像素，完成之后单击"确定"按钮。

（8）按住 Ctrl 键单击"图层 1"图层缩览图，将其载入选区。

（9）执行菜单栏中的"选择"→"反选"命令，将选区反选，选中"形状 2"图层，并删除选区中的图像，完成之后按［Ctrl＋D］组合键取消选区。

（10）选择工具箱中的"圆角矩形工具"，在选项栏中将"填充"更改为白色，"描边"更改为无，"半径"更改为 10 像素，在顶部绘制一个圆角矩形，将生成一个"圆角矩形 1"图层。

（11）在"图层"面板中选中"圆角矩形 1"图层，单击面板底部的"添加图层样式"按钮，在菜单中选择"渐变叠加"命令。

（12）在弹出的对话框中将"渐变"更改为白色到灰色（R235、G235、B235），"角度"更改为 0 度，完成之后单击"确定"按钮。

（13）选择工具箱中的"钢笔工具"，在选项栏中单击"选择工具模式"路径按钮，在弹出的选项中选择"形状"，将"填充"更改为黑色，"描边"更改为无。

（14）在刚才绘制的圆角矩形底部位置绘制一个不规则图形，将生成一个"形状 3"图层。

（15）在"图层"面板中选中"形状 3"图层，单击面板底部的"添加图层样式"按钮，在菜单中选择"渐变叠加"命令，在弹出的对话框中将"渐变"更改为白色到灰色（R235、G235、B235），"角度"更改为 90 度。

（16）选中"投影"复选框，将"混合模式"更改为"正常"，"不透明度"更改为 30%，取消"使用全局光"复选框；将"角度"更改为 110 度，"距离"更改为 2 像素，"大小"更改为 1 像素，完成之后单击"确定"按钮。

（17）选择工具箱中的"钢笔工具"，再次绘制一个黑色不规则图形，将生成一个"形状 4"图层。

（18）在"图层"面板中选中"形状 4"图层，单击面板底部的"添加图层样式"按钮，在菜单中选择"渐变叠加"命令，在弹出的对话框中将"混合模式"更改为"正常"，"渐变"更改为白色到灰色（R210、G210、B210），"角度"更改为 0 度，完成之后单击"确定"按钮。

（19）选择工具箱中的"直线工具"，在选项栏中将"填充"更改为白色，"描边"更改为无，"粗细"更改为 2 像素，在瓶盖左侧按住 Shift 键绘制一条线段，将生成一个"形状 5"图层。

（20）在"图层"面板中选中"形状 5"图层，单击面板底部的"添加图层样式"按钮，在菜单中选择"斜面浮雕"命令。

（21）在弹出的对话框中将"大小"改为 7 像素，取消"使用全局光"复选框；将角度改为 180 度，"高光模式"中的"不透明度"更改为 50%，"阴影模式"中的"不透明度"更改为 50%。

（22）选中"投影"复选框，将"混合模式"更改为"正常"，"不透明度"更改为 10%，取消"使用全局光"复选框；将"角度"更改为 180 度，"距离"更改为 1 像素，"大小"更改为 1 像素，完成之后单击"确定"按钮。

（23）在"图层"面板中选中"形状 5"图层，单击面板底部的"添加图层蒙版"按钮，为其添加图层蒙版。

（24）选择工具箱中的"渐变工具"，编辑黑色到白色到白色再到黑色的渐变，将第 1 个白色色标"位置"更改为 20%，第 2 个白色色标"位置"更改为 80%，单击选项栏中的"线性渐变"按钮。

（25）在线段上拖动，将部分线段隐藏。

（26）选择工具箱中的"直接选择工具"，选中线段，按［Ctrl＋Alt＋T］组合键将线段向右侧平移复制一份。

（27）按住［Ctrl＋Alt＋Shift］组合键的同时按 T 键多次，执行多重复制命令，将图形复制多份。

（28）按住 Ctrl 键单击"图层 1"图层缩览图，将其载入选区。

（29）执行菜单栏中的"选择"→"修改"→"收缩"命令，在弹出的对话框中将"收缩量"更改为 2 像素，完成之后单击"确定"按钮。

（30）单击"图层"面板底部的"创建新图层"按钮，新建一个"图层 2"图层。

（31）执行菜单栏中的"编辑"→"描边"命令，在弹出的对话框中将"宽度"更改为 2 像素，"颜色"更改为橙色（R255、G145、B0），选中"居外"单选按钮，完成之后单击"确定"按钮。

（32）执行菜单栏中的"滤镜"→"模糊"→"高斯模糊"命令，在弹出的对话框中将"半径"更改为 3 像素，完成之后单击"确定"按钮。

（33）选择工具箱中的"橡皮擦工具"，在弹出的面板中选择一种圆角笔触，将"大小"更改为 150 像素，"硬度"更改为 0%。

（34）在图像顶部区域进行涂抹，将不需要的图像部分隐藏。

（35）选中"图层 2"图层，将其混合模式设置为"正片叠底"，如图 10 - 46 所示。

5. 使用 Photoshop 添加装饰效果

（1）同时选中除"背景"之外的所有图层，按［Ctrl＋G］组合键进行编组，将生成一个"组 1"组。

（2）按［Ctrl＋T］组合键对其执行"自由变换"命令，将图像适当旋转，完成之后按 Enter 键确认，如图 10 - 47 所示。

（3）选择工具箱中的"钢笔工具"，在选项栏中单击"选择工具模式"路径按钮，在弹出的选项中选择"形状"，将"填充"更改为深橙色（R129、G59、B3），"描边"更改为无。

（4）在包装位置绘制一个不规则图形，生成一个"形状 6"图层，将"形状 6"图层移至"背景"图层上方。

图 10 - 46　绘制包装侧面和顶部

图 10 - 47　自由变换命令

（5）执行菜单栏中的"滤镜"→"模糊"→"高斯模糊"命令，在弹出的对话框中单击"栅格化"按钮，在弹出的对话框中将"半径"更改为 10 像素，完成之后单击"确定"按钮。

（6）在"图层"面板中选中"形状 6"图层，单击面板底部的"添加图层蒙版"按钮，为其添加图层蒙版。

（7）选择工具箱中的"画笔工具"，在画布中单击鼠标右键，在弹出的面板中选择一种圆角笔触，将"大小"更改为 200 像素，"硬度"更改为 0%。

（8）将前景色更改为黑色，在图像部分区域进行涂抹将其隐藏，如图 10 - 48 所示。

（9）执行菜单栏中的"文件"→"打开"命令，选择素材中的"装饰叶子.psd"文件，单击"打开"按钮，将打开的素材拖入画布中并适当缩小。

（10）选择工具箱中的"钢笔工具"在选项栏中单击"选择工具模式"路径按钮，在弹出的选项中选择"形状"，将"填充"更改为深橙色（R129、G59、B3），"描边"更改为无，在左上角绿叶位置绘制一个不规则图形，将生成一个"形状 7"图层。

（11）执行菜单栏中的"滤镜"→"模糊"→"高斯模糊"命令，在弹出的对话框中单击"栅格化"按钮，在弹出的对话框中将"半径"更改为 10 像素，完成之后单击"确定"按钮。选中"形状 7"图层，将其"不透明度"更改为 70%，如图 10 - 49 所示。

图 10 - 48　添加阴影效果

图 10 - 49　执行高斯模糊

（12）以同样的方法分别在其他两个橙子图像位置绘制图形，以制作相似的阴影效果，如图 10‑50、图 10‑51 所示。

图 10‑50　绘制阴影效果 1

图 10‑51　绘制阴影效果 2

（13）选择工具箱中的"横排文字工具"，添加文字（Myriad Pro Bold、Myriad Pro Regular），这样就完成了效果的制作，如图 10‑52 所示。

图 10‑52　添加文字

10.3.4　音乐 CD 包装设计

设计思路分析：

本实例作品以灰暗色调为主，体现爵士乐厚重的特点，展现出强烈的对比效果，文字采用印章的表现形式，富有个性。运用图层混合模式制作图像特殊效果；调整图层的上下位置使图像衔接更自然。

主要使用工具：

混合模式、自由变换、自定形状工具、画笔工具、图层蒙版、画笔工具等。

操作步骤：

（1）按［Ctrl＋N］组合键，打开"新建"对话框，设置"名称"为"CD 包装"，"宽度"为 12 厘米，"高度"为 12 厘米，单击"确定"按钮，创建一个新的图像文件，

最终效果

如图 10 - 53 所示。

图 10 - 53　新建图像文件

（2）设置前景色为（R229、G196、B132），按［Alt＋Delete］组合键填充图层为前景色，复制"背景"图层，填充图层颜色为（R225、G92、B17），如图 10 - 54 所示。

（3）选择"背景副本"图层，单击"图层"面板下方的"添加图层蒙版"按钮，为"背景副本"图层添加蒙版；选择椭圆选框工具，在图像中创建椭圆选区，对选区执行"羽化"命令，设置"羽化半径"为 250 像素，填充选区颜色为黑色；对"背景副本"图像进行"挖空"处理，设置该图层的混合模式为"颜色加深"。

（4）打开素材"001．png"文件，将 001 图像拖曳到当前图像文件的右下角位置，得到"图层 1"，如图 10 - 55 所示。

图 10 - 54　设置前景色

图 10 - 55　打开素材

（5）执行"图像"→"调整"→"渐变映射"命令，打开"渐变映射"对话框，设置颜色为从（R118、G37、B44）到黑色的渐变，设置完成后单击"确定"按钮。

（6）设置该图层的混合模式为"颜色减淡"，然后打开素材"002．jpg"文件，如图 10 - 56、图 10 - 57 所示。

图 10 - 56　设置混合模式

图 10 - 57　打开"002"素材

（7）将图像拖曳至当前图像文件中，然后按快捷键 D 恢复默认的前景色与背景色设置。执行"滤镜"→"渲染"→"分层云彩"命令，改变图像颜色，然后按［Ctrl＋L］组合键，打开"色阶"对话框，调整参数，设置完成后单击"确定"按钮。

（8）执行"选择"→"色彩范围"命令，打开"色彩范围"对话框，吸取图像中的白色部分，颜色选取完成后单击"确定"按钮，建立白色图像的选区。

（9）执行"反向"命令，将选区内的图像删除，再次执行"反向"命令，选择白色图像部分，填充选区颜色为（R214、G154、B89），然后取消选区，如图 10‑58 所示。设置图层混合模式为"正片叠底"，"不透明度"为 56％，如图 10‑59 所示。

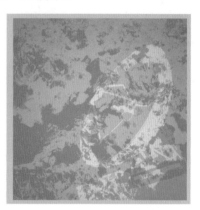

图 10‑58　应用分层云彩滤镜　　　　　　　　　图 10‑59　设置混合模式

（10）新建"图层 3"，选择自定形状工具，在属性栏中选择适当的样式进行绘制，绘制完成后将路径转换为选区，填充选区颜色为从（R182、G98、B15）到透明色的径向渐变，然后取消选区；采用相同的方法添加图层蒙版，使用画笔工具涂抹，隐藏部分图像，设置该图层混合模式为"柔光"，"不透明度"为 80％，如图 10‑60 所示。

（11）打开素材"003．png"文件，将图像拖曳至当前图像文件的右下角位置，重命名新图层为"城堡"，通过自由变换调整图像的大小与形状，如图 10‑61 所示。

图 10‑60　修改图层样式　　　　　　　　　　图 10‑61　打开"003"素材

（12）新建"图层 5"，选择画笔工具，在画笔属性栏中载入素材"发射光源．abr"文件，选择适当的笔刷样式，设置前景色为白色，然后在图像上绘制光影，绘制完成后通过自由变换调整光影的位置。

（13）采用相同的方法为"图层 5"添加图层蒙版，使用画笔工具在图像上涂抹，使光影显得更自然，设置图层的混合模式为"变亮"，"不透明度"为 68%，如图 10 - 62 所示。

（14）新建"图层 6"，利用椭圆选框工具在图像上创建椭圆选区，然后对选区执行"羽化"命令，在弹出的"羽化选区"对话框中设置"羽化半径"为 50 像素，单击"确定"按钮。填充选区颜色为（R226、G226、B5），然后取消选区，设置图层"不透明度"为 57%。

（15）新建"图层 7"与"图层 8"，采用相同的方法绘制光影图像，填充"图层 7"颜色为（R254、G245、B5），设置图层"不透明度"为 41%；填充"图层 8"颜色为（R182、G183、B0），设置图层混合模式为"叠加"，"不透明度"为 41%。如图 10 - 63 所示。

图 10 - 62　添加图层模板

图 10 - 63　绘制光影

（16）打开素材"004.png"文件，将图像拖曳到当前图像文件中，将新图层重命名为"人物"，调整图像在画面中的位置，如图 10 - 64 所示。

（17）打开素材"005.psd"文件，分别将元素图像拖曳到当前图像文件中，调整图像在画面中的位置并分别对图层进行重命名；注意图层的上下位置关系，复制个别图层使画面更饱满，设置"花 2"图层的混合模式为"颜色加深"，如图 10 - 65 所示。

图 10 - 64　添加图像

图 10 - 65　添加其他素材

（18）打开素材"006.png"文件，将图像拖曳至当前图像文件中，在"人物"图层的下方得到"图层 9"，调整图像在画面中的位置，设置图层混合模式为"叠加"。

（19）在"图层 9"的上方新建"图层 10"，选择铅笔工具，设置前景色为白色，在属性栏中设置铅笔大小为 3 px，然后在图像上绘制。

（20）选择横排文字工具，输入文字"音乐无限"，填充文字颜色为（R102、G0、B0），调整文字的大小，然后栅格化文字，按住 Ctrl 键的同时单击"音乐无限"的图层缩略图，载入图层选区；设置前景色为字体颜色，背景色为白色，执行"滤镜"→"渲染"→"云彩"命令，如图 10 - 66 所示。

（21）执行"滤镜"→"杂色"→"添加杂色"命令，打开"添加杂色"对话框，设置参数，然后单击"确定"按钮，如图 10 - 67 所示。

图 10 - 66　添加文字

图 10 - 67　文字应用杂色滤镜

（22）保持选区，执行"滤镜"→"模糊"→"高斯模糊"命令，在弹出的对话框中设置参数值，完成后单击"确定"按钮，如图 10 - 68 所示。

（23）按 [Ctrl+L] 组合键，打开"色阶"对话框，对参数进行设置，完成后单击"确定"按钮，如图 10 - 69 所示。

图 10 - 68　执行滤镜

图 10 - 69　设置色阶

（24）在保持选区的情况下，执行"选择"→"色彩范围"命令，在弹出的对话框进行参数设置，完成后单击"确定"按钮，然后将选区内的图像删除，取消选区，如图 10 - 70 所示。

（25）通过自由变换旋转图像，使用减淡工具与加深工具在图像上涂抹，加强图像的明暗对比；双击"音乐无限"图层，打开"图层样式"对话框，单击"外发光"选项，在打开的"外发光"选项面板中设置参数，如图 10 - 71 所示。

图 10 - 70　执行色彩范围

图 10 - 71　设置图层样式

（26）完成后单击"确定"按钮。制作图像中的"music"文字以及"music"文字的框线。

（27）在图像中输入其他文字，填充颜色为白色；新建"图层 12"，使用钢笔工具在图像中绘制路径，将路径转换为选区，填充选区颜色为白色。

（28）复制"图层 12"，调整图像的位置；新建图层并命名为"星光 2"，选择画笔工具，在属性栏中选择柔边较大的笔刷样式，设置画笔"模式"为"颜色减淡"，然后设置前景色为白色，在图像中绘制星光，绘制时注意调整画笔的大小，如图 10 - 72 所示。

（29）选择除"背景"图层以外的所有图层，执行"图层"→"新建"→"从图层建立组"命令，建立图层组"组 1"。

（30）选择图层组"组 1"，按［Ctrl＋Alt＋Shift＋E］组合键盖印图层，并重命名为"画面"，然后隐藏图层组"组 1"。选择椭圆选框工具，在图像上创建椭圆选区，绘制完成后执行"反向"命令，将选区内的图像删除。

（31）在图像上创建圆形选区，然后将图像删除，双击"画面"图层，打开"图层样式"对话框，选择"描边"命令，在弹出的对话框中设置参数，完成后单击"确定"按钮，取消选区。

（32）在图像中创建圆形选区，执行"描边"命令，然后选择横排文字工具，在图像中输入文字，输入完成后合并"组 1"以上的所有图层，重命名为"光碟"，如图 10 - 73 所示。

图 10 - 72　绘制星光

图 10 - 73　制作光碟效果

（33）新建图层组"组2"，打开素材"007.jpg"文件，将图像拖曳到当前图像文件中，将新图层重命名为"效果背景"；打开素材"光盘.png"文件；将"光盘"图像拖曳到当前图像文件中，将新图层重命名为"光盘"，调整图像的位置，如图 10-74 所示。

（34）盖印"组1"图层，然后将其移到"组2"中，通过自由变换调整图像的大小及位置，对光碟边缘的图像进行处理；合并该光盘图像的所有图层，重命名为"光盘"；在光盘图层的下方新建图层并命名为"阴影"，选择多边形套索工具，在图像上创建选区，填充选区颜色为从黑色到透明色的线性渐变，然后取消选区；将刚才制作的"光碟"图层移到"组2"中，通过自由变换调整图像的位置，如图 10-75 所示。

图 10-74 打开"光盘"素材

图 10-75 调整图像效果

（35）复制一个"光碟"图层，调整图像的位置，然后合并两个"光碟"图层，打开该图层的"图层样式"对话框，勾选"投影"复选框，在打开的选项面板中设置参数后单击"确定"按钮，如图 10-76 所示。

（36）在图层组"组1"中，分别复制"音乐无限"图层、music 图层与"线框"图层，将其移到"组2"中，调整图层的位置关系，设置图层混合模式为"叠加"；打开"音乐无限"图层的"图层样式"对话框，取消勾选"外发光"复选框，然后单击"颜色叠加"选项，设置颜色为（R102、G0、B0），设置参数后单击"确定"按钮，如图 10-77 所示。至此，本实例制作完成。

图 10-76 绘制光盘和投影

图 10-77 效果完成

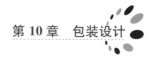

10.3.5 手提袋设计

最终效果

设计思路分析：

本实例制作的是一款酒店温泉的手提袋，通过简洁大方的设计，体现汤泉品牌定义。

主要使用工具：

图层蒙版、剪切蒙版、画笔工具、椭圆工具、矩形工具、钢笔工具、自定义形状工具、图层混合模式、"可选颜色"调整图层、"描边"图层样式、"投影"图层样式等。

操作步骤：

1. 制作手提袋平面图

（1）启动 Photoshop 后，执行"文件"→"新建"命令，弹出"新建"对话框。

（2）单击"确定"按钮，设置前景色为黑色，按［Alt＋Delete］组合键填充前景色，按［Ctrl＋R］组合键在图像中显示标尺，单击移动工具，在标尺上拉出辅助线，如图 10-78、图 10-79 所示。

图 10-78　新建

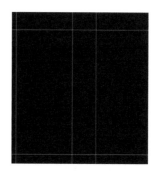

图 10-79　填充颜色显示辅助线

（3）新建图层，单击矩形工具，在工具选项栏中选择"形状"，设置填充色为（♯f2f8f4），沿着辅助线绘制矩形。

（4）新建图层，单击矩形选框工具，拖动鼠标沿着辅助线绘制矩形选框，并填充淡绿色（♯ddeae0），如图 10-80、图 10-81 所示。

图 10-80　绘制矩形

图 10-81　填充绿色

（5）按［Ctrl＋O］组合键，打开素材，按［Ctrl＋T］组合键调整位置与大小并复制。

（6）设置三个素材图层的"混合模式"为"正片叠底"，如图 10-82、图 10-83 所示。

图 10-82　打开素材　　　　　　　　　图 10-83　设置混合模式

（7）新建图层，单击椭圆选框工具，绘制椭圆选框，设置前景色为（♯87d9b2），按［Alt＋Delete］组合键，填充前景色，执行"滤镜"→"模糊"→"高斯模糊"命令，设置半径为 100 px，复制图层。

（8）单击横排文字工具，在画面中输入文字，按［Ctrl＋Enter］组合键结束编辑，按［Ctrl＋T］组合键，进入自由变换状态，在文字上单击右键选择"旋转 90 度（顺时针）"，手提袋平面图制作完成，如图 10-84、图 10-85 所示。

图 10-84　绘制椭圆　　　　　　　　　图 10-85　执行滤镜

2. 制作手提袋立体效果

（9）按［Ctrl＋N］组合键新建一个高为 31cm，宽为 31cm，分辨率为 300 像素/英寸，背景为白色的图像文件。

（10）单击渐变工具，打开渐变编辑器，如图 10-86 所示，设置从左至右色标颜色值依次为（♯607474）到（♯030404），按下"径向渐变"按钮。

（11）在背景图层由内往外拖动鼠标，填充径向渐变。

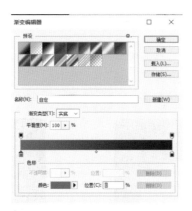

图 10-86　设置渐变

（12）切换至平面展开图图像窗口，隐藏背景图层，选择图层面板最上方图层为当前图层，按［Ctrl＋Alt＋Shift＋E］组合键，盖印当前所有可见图层，单击矩形选框工具，分别框选图像区域，单击移动工具，拖动到新建窗口，如图 10-87、图 10-88 所示。

图 10-87　填充渐变

图 10-88　拖入封面

（13）按［Ctrl＋T］组合键，进入自由变换状态，单击鼠标右键，选择斜切，进行图片变形的制作。

（14）新建图层，单击钢笔工具，按下工具选项栏"路径"按钮，绘制路径，绘制出折纸的效果，将路径转换为选区，设置前景色为（♯a9b5ab）和白色，并将绘制的图形图层模式更改为"正片叠底"，"不透明度"为 60％，如图 10-89 所示。

图 10-89　绘制折纸效果

（15）制作手提绳。新建图层，单击钢笔工具，在工具选项栏选择"路径"，绘制路径，如图 10 - 90 所示。

（16）设置前景色为暗红色，单击画笔工具，设置"画笔大小"为 4 像素，"硬度"为100％，"不透明度"为100％，单击"路径"面板中的"用画笔描边路径"按钮，并复制，将复制的图层移至背景层上，最终效果完成，如图 10 - 91 所示。

图 10 - 90　绘制手提绳

图 10 - 91　效果完成

10.4　课后练习

1. 设计思路分析：本习题制作的是运动饮料的包装，运用"高斯模糊"滤镜、图层蒙版以及图层样式来体现包装独特的质感，造型方面主要运用钢笔工具。

Photoshop 特效技法点拨：

（1）结合圆角矩形工具、钢笔工具和填充工具，制作包装的基本外形。然后添加"内发光"图层样式，制作瓶子的金属质感。

（2）添加文字并根据瓶子的形状进行变形处理。添加"斜面和浮雕"图层样式，制作文字的立体效果。

（3）调整图层混合模式，使图像效果更自然。

（4）运用钢笔工具、渐变工具和图层蒙版，绘制瓶身的标签效果。

运动饮料包装效果

2. 设计思路分析：本习题通过添加多张素材照片，绘制明星 CD 封面；结合纹理素材和通道混合器，绘制背景；结合钢笔工具与画笔工具，绘制人物身上的小元素；之后结合多

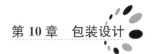

个调整图层，调整画面整体色调，完成后使用文字工具添加封面内容信息。

Photoshop 特效技法点拨：

（1）添加素材文件并将其去色，制作画面中的黑白效果。

（2）采用钢笔工具绘制图像的路径，填充颜色，制作人物上的修饰元素。

（3）采用横排文字工具在图像中输入文字，将画面制作完整。

CD 封面效果

第 11 章　POP 广告设计

POP 广告是许多广告形式中的一种，它是英文 point of purchase advertising 的缩写，意为"购买点广告"，简称 POP 广告。POP 广告的概念有广义的和狭义的两种：广义的 POP 广告的概念，指凡是在商业空间、购买场所、零售商店的周围、内部以及在商品陈设的地方所设置的广告物，都属于 POP 广告。如：商店的牌匾、店面的橱窗，店外悬挂的充气广告、条幅，商店内部的装饰、陈设、招贴广告、服务指示，店内发放的广告刊物，进行的广告表演，以及广播、录像、电子广告牌等。狭义的 POP 广告概念，仅指在购买场所和零售店内部设置的展销专柜以及在商品周围悬挂、摆放与陈设的可以促进商品销售的广告媒体。

11.1　POP 广告的分类

POP 广告的种类繁多，分类方法各异。

1. 按使用功能分类

（1）悬挂式 POP 广告；

（2）商品的价目卡、展示卡式 POP 广告；

（3）与商品结合式 POP 广告；

（4）大型台架式 POP 广告。

2. 按位置分类

（1）室内 POP 广告。

室内 POP 广告指商店内部的各种广告，如柜台广告、货架陈列广告、模特广告、室内电子和灯箱广告。

（2）户外 POP 广告。

户外 POP 广告是售货场所门前及周边的 POP 广告，包括商店招牌、门面装饰、橱窗布置、商品陈列、招贴画广告、传单广告以及广告牌、灯箱等。

11.2　POP 广告的设计理念

POP 广告的制作应把握以下几点：一是要突出品牌；二是要突出产品特色，制造卖点；三是力求新颖别致。制作 POP 广告时要注意：诉求内容明确、单一，字体清晰易读，整体醒目、新颖、力求美观。

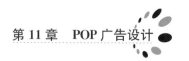

11.3　优秀案例

11.3.1　大嘴吃货 POP 广告设计

最终效果

设计思路分析：

本实例讲解大嘴吃货 POP 设计，在设计过程中以大嘴形象为主体视觉，通过绘制大嘴巴与艺术文字相结合，完美表现出 POP 的特质。

主要使用工具：

图层蒙版、剪切蒙版、画笔工具、椭圆工具、矩形工具、钢笔工具、自定义形状工具、图层混合模式、"可选颜色"调整图层、"描边"图层样式、"投影"图层样式等。

操作步骤：

1. 使用 Photoshop 制作放射背景

（1）执行菜单栏中的"文件"→"新建"命令，在弹出的对话框中，设置"宽度"为 40 cm，"高度"为 50 cm，"分辨率"为 72 像素/英寸，新建一个空白画布，将画布填充为黄色（R254、G218、B20）。

（2）选择工具箱中的"矩形工具"，在选项栏中将"填充"更改为白色，"描边"更改为无，绘制一个矩形，将生成一个"矩形 1"图层。如图 11-1 所示。

（3）选中"矩形 1"图层，按［Ctrl＋T］组合键对其执行"自由变换"命令，单击鼠标右键，从弹出的快捷菜单中选择"透视"命令，拖动变形框控制点将图形变形，完成之后按 Enter 键确认，如图 11-2 所示。

图 11-1　绘制矩形

图 11-2　执行透视命令

（4）按［Ctrl＋Alt＋T］组合键对图形进行变换复制，当出现变形框之后，将中心点移至底部位置并向右侧适当旋转，完成之后按 Enter 键确认，如图 11-3、图 11-4 所示。

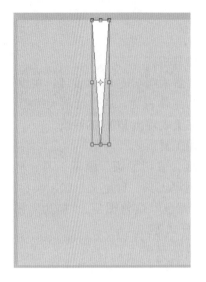

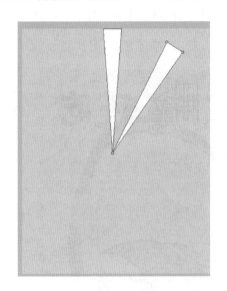

图 11-3　复制　　　　　　　　　　　　　　　　图 11-4　旋转

（5）按住［Ctrl＋Alt＋Shift］组合键的同时按 T 键多次，执行多重复制命令，将图形复制多份，如图 11-5 所示。

（6）选中"矩形 1"图层，按［Ctrl＋T］组合键对其执行"自由变换"命令，将图形等比放大，完成之后按"Enter"键确认，如图 11-6 所示。

图 11-5　多次旋转复制　　　　　　　　　　　　图 11-6　等比放大

（7）选中"矩形 1"图层，将其混合模式设置为"柔光"，"不透明度"更改为 60%，如图 11-7、图 11-8 所示。

（8）单击"图层"面板底部的"创建新图层"按钮，新建一个"图层 1"图层，将其填充为白色。

图 11 - 7　更改不透明度　　　　　　　　图 11 - 8　设置混合模式

（9）将前景色和背景色设置为默认的黑白颜色，执行菜单栏中的"滤镜"→"渲染"→"纤维"命令，在弹出的对话框中将"差异"更改为 30，"强度"更改为 30，完成之后单击"确定"按钮，如图 11 - 9、图 11 - 10 所示。

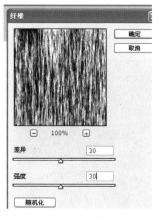

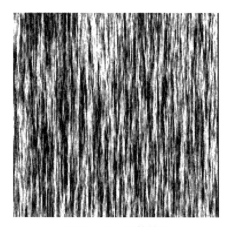

图 11 - 9　调整数值　　　　　　　　　图 11 - 10　调整效果

（10）选中"图层 1"图层，执行菜单栏中的"滤镜"→"模糊"→"动感模糊"命令。

（11）在弹出的对话框中将"角度"更改为 90 度，"距离"更改为 2 000 px，完成之后单击"确定"按钮，如图 11 - 11、图 11 - 12 所示。

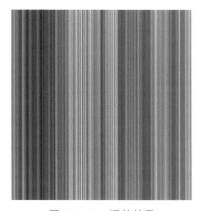

图 11 - 11　执行滤镜　　　　　　　　　图 11 - 12　调整效果

（12）执行菜单栏中的"图像"→"调整"→"色阶"命令，在弹出的对话框中将数值更改为（R108、G1、B182），完成之后单击"确定"按钮，如图 11‑13、图 11‑14 所示。

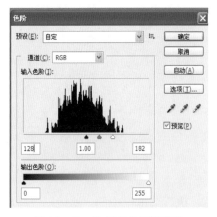
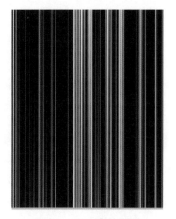

图 11‑13　执行色阶调整参数　　　　图 11‑14　调整效果

（13）执行菜单栏中的"滤镜"→"扭曲"→"极坐标"命令，在弹出的对话框中选中"平面坐标到极坐标"单选按钮，完成之后单击"确定"按钮，如图 11‑15、图 11‑16 所示。

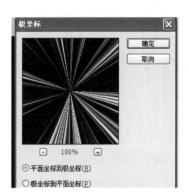

图 11‑15　执行滤镜　　　　图 11‑16　调整效果

（14）选中"图层 1"图层，将其混合模式设置为"滤色"，"不透明度"更改为 30%，如图 11‑17、图 11‑18 所示。

图 11‑17　更改不透明度　　　　图 11‑18　设置混合模式

2. 使用 Illustrator 绘制主图像

（1）执行菜单栏中的"文件"→"导入"命令，调用素材"POP 背景 .jpg"文件，在页面中单击，导入素材图像。

（2）选择工具箱中的"星形工具"☆，按住 Ctrl 键绘制一个星形，设置其"填充"为无，"轮廓"为深红色（R76、G6、B4），在属性栏中将"边数"更改为 10，"锐度"更改为 10，"宽度"更改为 2，如图 11-19 所示。

（3）选择工具箱中的"钢笔工具"绘制个不规则图形，设置其"填充"为红色（R148、G38、B44），"轮廓"为无，如图 11-20 所示。

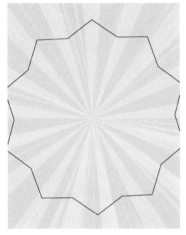

图 11-19　导入"POP 背景"文件

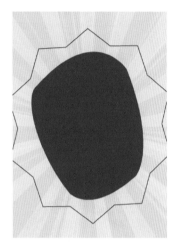

图 11-20　绘制形状填充颜色

（4）以同样的方法在红色图形位置绘制一个黑色图形，如图 11-21 所示。

（5）同时选中两个图形，单击属性栏中的"修剪"按钮，对图形进行修剪，并将不需要的图形删除，如图 11-22 所示。

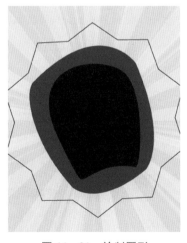

图 11-21　绘制图形

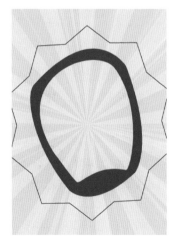

图 11-22　修剪

（6）选择工具箱中的钢笔工具，在红色图形左上角绘制一个不规则图形，设置其"填充"为白色，"轮廓"为无，如图 11-23 所示。

（7）以同样的方法再绘制多个相似图形，以制作牙齿，如图 11-24 所示。

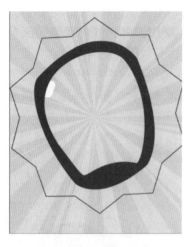

图 11 - 23　绘制牙齿

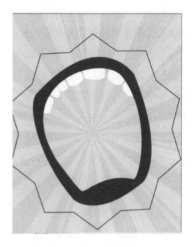

图 11 - 24　多次绘制

（8）以同样的方法在底部位置绘制相似图形，以制作牙齿效果，如图 11 - 25 所示。

（9）选择工具箱中的钢笔工具，绘制个不规则图形，设置其"填充"为红色（R214、G54、B54），"轮廓"为深红色（R76、G6、B4），"宽度"为 2，如图 11 - 26 所示。

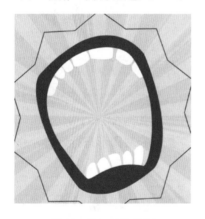

图 11 - 25　多次绘制

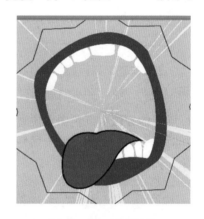

图 11 - 26　绘制舌头

（10）选择工具箱中的钢笔工具，在舌头图形顶部再次绘制一个不规则图形，设置其"填充"为深红色（R76、G6、B4）。

（11）选择工具箱中的钢笔工具，在舌头位置绘制个白色图形，以制作高光，如图 11 - 27 所示。

（12）以同样的方法在舌头左侧位置绘制一个相似图形，如图 11 - 28 所示。

（13）选中两个白色图形，选择工具箱中的"透明度工具"，将"不透明度"设置为 20%，如图 11 - 29 所示。

（14）以同样的方法在嘴唇顶部位置绘制白色图形，并更改其不透明度以制作高光效果，如图 11 - 30 所示。

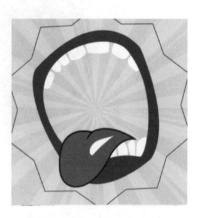

图 11 - 27　绘制白色图形

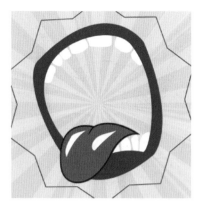

图 11 - 28　绘制白色图形

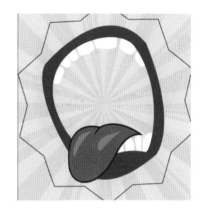

图 11 - 29　将"不透明度"设置为 20%

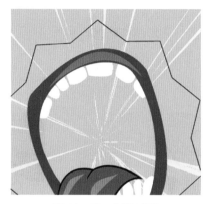

图 11 - 30　制作高光

（15）选中嘴唇顶部高光图形，按［Ctrl＋C］组合键复制，按［Ctrl＋V］组合键粘贴，并将粘贴的图形等比缩小，如图 11 - 31 所示。

（16）以刚才同样的方法在嘴唇底部位置绘制白色图形，并更改不透明度，如图 11 - 32 所示。

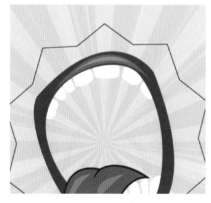

图 11 - 31　复制

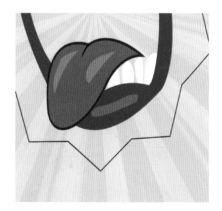

图 11 - 32　设为"柔光"

（17）选择工具箱中的钢笔工具，绘制个不规则图形，以制作腿脚，设置其"填充"为红色（R148、G38、B44），"轮廓"为无，如图 11 - 33 所示。

（18）选中腿脚并按住鼠标左键向右侧移动，单击属性栏中的镜像工具，对其进行镜像，如图 11 - 34 所示。

图 11 - 33　绘制腿脚　　　　　　　　　图 11 - 34　对称复制

（19）以同样的方法再绘制红色图形制作胳膊，并将胳膊复制对称，如图 11 - 35、图 11 - 36 所示。

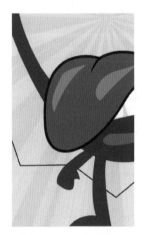 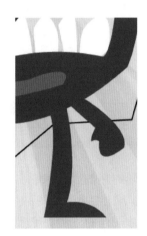

图 11 - 35　绘制胳膊　　　　　　　　　图 11 - 36　对称复制

（20）选择工具箱中的"椭圆形工具"在嘴唇图形顶部绘制一个椭圆，设置其"填充"为白色，"轮廓"为无，如图 11 - 37 所示

（21）选中椭圆并按住鼠标左键向左侧移动，按住 Alt 键将其复制，并等比缩小及适当旋转，如图 11 - 38 所示。

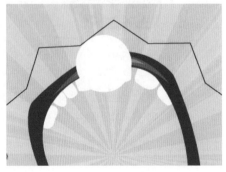 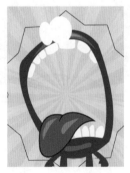

图 11 - 37　绘制椭圆　　　　　　　　　图 11 - 38　复制变形

图 11－39　绘制椭圆

（22）选中左侧椭圆并按住鼠标左键向右侧移动，单击 Alt 键将其复制，单击右键中变换的"对称"按钮，对其进行水平镜像。

（23）同时选中三个椭圆，单击路径查找器中的"合并"按钮，将图形合并。

（24）选择工具箱中的"椭圆形工具"，在左侧位置绘制一个椭圆，如图 11－39 所示。

（25）以刚才同样的方法将椭圆框复制数份，如图 11－40 所示。

（26）同时选中所有椭圆框及其下方图形，单击路径查找器中的"修剪"按钮，对图形进行修剪，并将不需要的图形删除，以制作镂空图形，如图 11－41 所示。

图 11－40　复制

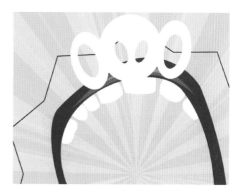

图 11－41　修剪

（27）将制作的镂空图形移至红色图形下方。

（28）选择工具箱中的"钢笔工具"绘制一个不规则图形，设置其"填充"为浅红色（R252、G176、B180），"轮廓"为无，如图 11－42 所示。

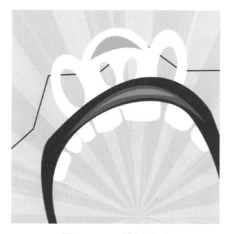

图 11－42　绘制图形

（29）选择工具箱中"钢笔工具"，在舌头图形左下角绘制一个口水图形，设置其"填充"为红色（R148、G38、B44），"轮廓"为无，如图 11－43 所示。

235

(30) 选中口水图形，按［Ctrl＋C］组合键复制，按［Crt＋V］组合键粘贴，将粘贴的图形等比缩小并适当旋转，如图 11－44 所示。

图 11－43　绘制水滴

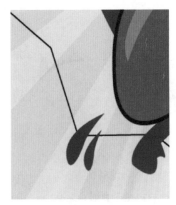
图 11－44　复制缩放

(31) 选择工具箱中的"椭圆形工具"，绘制一个椭圆，设置其"填充"为深红色（R84、G12、B15），"轮廓"为无，如图 11－45 所示。

(32) 选中椭圆图形，选择工具箱中的"透明度面板"，将其"不透明度"更改为 74，如图 11－46 所示。

图 11－45　绘制椭圆

图 11－46　更改透明度

(33) 执行菜单栏中的"文件"→"打开"命令，选择素材"食物.psd"文件，单击"打开"按钮，将打开的文件拖入当前页面中大嘴巴图像位置，如图 11－47 所示。

(34) 适当调整素材的大小和位置，如图 11－48 所示。

图 11－47　打开"食物"素材

图 11－48　调整素材位置大小

3. 使用 Illustrator 制作艺术字

(1) 选择工具箱中的"文本工具"，添加文字（雅坊美工 14），如图 11－49 所示，同时选中所有文字，按［Ctrl＋C］组合键复制。

（2）同时选中所有文字，在"字符"面板中，将"宽度"更改为 5，"颜色"更改为深红色（R76、G6、B4），再单击"圆角"按钮，完成之后单击"确定"按钮，如图 11-50 所示。

图 11-49　输入文字　　　　　　　　　　　　图 11-50　制作效果

（3）按［Ctrl＋V］组合键粘贴，将粘贴的文字更改为黄色（R249、G232、B84），这样就完成了效果的制作，如图 11-51 所示。

图 11-51　效果完成

11.3.2　欢乐中秋 POP 广告设计

最终效果

设计思路分析：

本实例讲解欢乐中秋 POP 设计，在设计过程中以漂亮的月夜背景为主题元素，通过制作星空特效与月亮图像相结合，完美表现出整个主题。特效艺术字与装饰元素的应用令整个 POP 视觉效果更加出色。

主要使用工具：

移动工具、钢笔工具、画笔工具、自由变换命令、文字工具、图层蒙版、图层混合模式。

操作步骤：

1. 使用 Photoshop 制作星空背景

（1）执行菜单栏中的"文件"→"新建"命令，在弹出的对话框中设置"宽度"为 38 cm，"高度"为 50 cm，"分辨率"

237

为 72 像素/英寸，新建一个空白画布。

（2）选择工具箱中的"渐变工具"，编辑蓝色（R47、G69、B136）到紫色（R27、G19、B88）的渐变，单击选项栏中"线性渐变"按钮，在画布中拖动填充渐变，如图 11‒52 所示。

（3）在"画笔"面板中选择一种圆角笔触，将"大小"更改为 20 像素，"硬度"更改为 0%，"间距"更改为 1 000%。

（4）选中"形状动态"复选框，将"大小抖动"更改为 100%，如图 11‒53 所示。

图 11‒52　填充渐变

图 11‒53　设置画笔参数

（5）选中"散布"复选框，将"散布"更改为 100%。

（6）单击"图层"面板底部的"创建新图层"按钮，新建一个"图层 1"图层，将前景色更改为白色，在画布中单击多次拖动添加图像。

（7）在"图层"面板中，选中"图层 1"图层，将其拖至面板底部的"创建新图层"按钮上，复制一个"图层 1 拷贝"图层，按住 Ctrl 键单击"图层 1 拷贝"图层缩览图，如图 11‒54 所示。

（8）执行菜单栏中的"选择"→"修改"→"收缩"命令，在弹出的对话框中将"收缩量"更改为 1，完成之后单击"确定"按钮，如图 11‒55 所示。

图 11‒54　绘制星空

图 11‒55　收缩

（9）执行菜单栏中的"选择"→"反选"命令，将选区反选。

（10）将当前图层中的选区图像删除，完成之后按［Ctrl＋D］组合键取消选区，如图 11-57 所示。

（11）选中"图层 1"图层，执行菜单栏中的"滤镜"→"模糊"→"高斯模糊"命令，如图 11-51 所示。

（12）在弹出的对话框中将"半径"更改为 10 像素，完成之后单击"确定"按钮。

（13）选中"图层 1"图层，将其混合模式设置为"叠加"，如图 11-58 所示。

图 11-56　取消选区

图 11-57　执行滤镜模糊

图 11-58　设置混合模式

（14）同时选中"图层 1 拷贝"及"图层 1"图层，按［Ctrl＋G］组合键进行编组，将生成一个"组"，单击面板底部的"添加图层蒙版"按钮，为其添加图层蒙版。

（15）选择工具箱中的"渐变工具"，编辑黑色到白色的渐变，单击选项栏中的"线性渐变"按钮，在图像上拖动，将部分图像隐藏。

（16）选择工具箱中的"椭圆工具"，在选项栏中将其"填充"更改为黄色（R238、G188、B68），"描边"更改为无，在画布左侧位置按住 Shift 键绘制一个正圆图形，将生成一个"椭圆 1"图层，如图 11-59 所示。

（17）在"图层"面板中选中"椭圆 1"图层，单击面板底部的"添加图层样式"按钮，在菜单中选择"斜面和浮雕"命令，如图 11-60 所示。

图 11-59　绘制椭圆

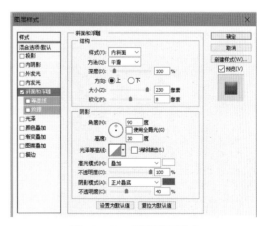

图 11-60　设置图层样式

239

（18）在弹出的对话框中将"大小"更改为 230 像素，"软化"更改为 8 像素，取消"使用全局光"复选框；将"角度"更改为 90 度，"高光模式"更改为"叠加"，"不透明度"更改为 100％，"阴影模式"中的"颜色"更改为深黄色（R167、G119、B15），"不透明度"更改为 40％。

（19）选中"外发光"复选框，将"不透明度"更改为 30％，"颜色"更改为黄色（R255、G238、B170），"大小"更改为 70 像素，完成之后单击"确定"按钮。

（20）执行菜单栏中的"文件"→"打开"命令，选择素材"建筑剪影.psd"文件，单击"打开"按钮，将打开的素材拖入画布中底部并适当缩小，如图 11－61 所示。

（21）在"图层"面板中选中"建筑剪影"图层，单击面板上方的"锁定透明像素"按钮，锁定透明像素，将图像填充为蓝色（R13、G9、B51），填充完成之后再次单击此按钮解除锁定，如图 11－62 所示。

图 11－61　打开"建筑剪影"素材

图 11－62　调整效果

（22）选择工具箱中的"矩形工具"，在选项栏中将"填充"更改为黄色（R249、G214、B23），"描边"更改为无，绘制一个矩形，将生成一个"矩形 1"图层，如图 11－63 所示。

（23）选中"矩形 1"图层，在画布中按住 Alt 键向右拖动复制矩形图形，如图 11－64 所示。

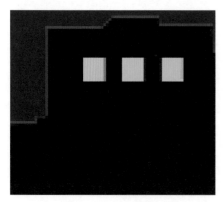

图 11－63　绘制矩形

图 11－64　复制

（24）选择工具箱中的"椭圆工具"，在复制生成的矩形顶部按住 Shift 键绘制一个椭圆，如图 11 - 65 所示。

（25）以同样的方法在其他位置绘制相似图形，以制作窗户效果，如图 11 - 66 所示。

图 11 - 65　绘制窗户

图 11 - 66　复制

图 11 - 67　添加文字

2. 使用 Illustrator 处理主题文字

（1）单击"导入"按钮，在页面中单击，导入素材。

（2）选择工具箱中的"文本工具"，添加文字（欢乐中秋），如图 11 - 67 所示。

（3）在文字上单击鼠标右键，从弹出的快捷菜单中选择"创建轮廓"命令，使用锚点转换工具拖动锚点将其变形。

（4）选择工具箱中的"钢笔工具"，把"欢"这个字填充为浅黄色（R255、G253、B222），"轮廓"为无；以同样的方法绘制多个相似图形。

（5）在刚才绘制的浅黄色图形旁边位置绘制一个黄色（R217、G186、B74）不规则图形。

（6）选中图形，选择工具箱中的"透明度工具"，在图形上拖动，降低其透明度。

3. 使用 AI 绘制装饰元素

（1）选择工具箱中的"钢笔工具"，在文字下方绘制一个不规则图形，设置其"填充"为黄色（R243、G208、B72），"轮廓"为无。

（2）以同样的方法在图形右侧位置再次绘制两个颜色稍深的图形，制作立体图形效果，如图 11 - 68 所示。

（3）选中所有图形，按［Ctrl＋C］组合键复制，按［Ctrl＋V］组合键粘贴，单击属性栏中的"合并"按钮，将图形合并。

（4）将粘贴的图形移至原图形下方并更改为黄色（R105、G82、B34）后向左侧稍微移动，制作出厚度效果。

（5）执行菜单栏中的"文件"→"打开"命令，选择素材中的"儿童.psd"文件，单击"打开"按钮，将打开的文件拖入当前页面中并适当缩放，如图11-69所示。

图 11-68　制作立体图形效果

图 11-69　打开"儿童"素材

（6）选择工具箱中的"钢笔工具"，绘制一个不规则图形，设置其"填充"为深黄色（R148、G102、B38），"轮廓"为无。

（7）选中图形，选择工具箱中的"透明度面板"，将其"不透明度"更改为65％。

（8）选择工具箱中的"钢笔工具"，在左下角位置绘制一个心形，设置其"填充"为白色，"轮廓"为无。

（9）选中图形，设置不透明度，在属性栏中将"合并模式"更改为"柔光"。

（10）选中心形，按［Ctrl＋C］组合键复制，按［Ctrl＋V］组合键粘贴，并将粘贴的心形等比缩小，如图11-70所示。

（11）同时选中两个图形，按［Ctrl＋C］组合键复制，按［Ctrl＋V］组合键粘贴，将粘贴的心形向左上角移动并等比缩小。

（12）选择工具箱中的"文本工具"，添加文字（李旭科毛笔行书）。

图 11-70　绘制心形

（13）选中文字，选择工具箱中的"封套工具"，拖动控制点将其变形。

（14）选择工具箱中的"钢笔工具"，在文字底部绘制一个不规则图形，设置其"填充"为白色，"轮廓"为无，如图11-71所示。

（15）执行菜单栏中的"文件"→"打开"命令，选择素材"气球.psd"文件，单击"打开"按钮，将打开的文件拖入当前页面中文字右上角位置。选中气球并按住鼠标左键向左侧移动，单击鼠标右键将其复制并等比缩小。这样就完成了效果的制作，如图11-72所示。

图 11-71　添加文字效果　　　　　　图 11-72　导入"POP 背景"文件

11.3.3　家居宣传 POP 广告设计

设计思路分析：

本实例中通过多种素材的叠加，营造符合家居宣传的自然的画面效果。

最终效果

主要使用工具：

移动工具、钢笔工具、画笔工具、自由变换命令、文字工具、图层蒙版、图层混合模式。

操作步骤：

（1）执行"文件"→"新建"命令，打开"新建"对话框，分别设置"名称""高度""宽度"，设置完成后单击"确定"按钮，新建一个空白的图像文件。

（2）执行"文件"→"打开"命令，打开素材"墙体.jpg""纹理.jpg"文件，添加至当前图像文件中并调整其大小和位置，设置"纹理"图层混合模式为"叠加"使两者更加融合和统一，如图 11-73 所示。

（3）添加"草地.png""椅子.png""花朵.png""窗户.png"文件到当前图像文件中，结合自由变换命令调整素材大小和位置，使各个素材之间形成合理的远近、虚实、大小等空间关系，从而使画面整体趋于饱满，更具真实感，如图 11-74 所示。

图 11-73　打开素材　　　　　　图 11-74　添加素材并调整

（4）添加"灯饰.png""花瓶.png"文件到当前文件中，结合自由变换命令调整图像大小和位置；复制"灯饰"图层，调整图像位置，如图11-75所示。

（5）添加"光线.png""蝴蝶.png"文件到当前图像文件中，调整大小和位置。

（6）添加文字并为部分文字加"渐变叠加"图层样式，丰富画面效果，如图11-76所示。至此，完成本实例制作。

图11-75　添加素材

图11-76　效果完成

11.3.4　PSP 宣传 POP 广告设计

设计思路分析：

本实例主要运用文字变形工具使文字更具冲击力和律动感，营造炫目的画面效果。结合图层混合模式统一画面，制作一张完整的 PSP 宣传 POP 广告。

主要使用工具：

移动工具、钢笔工具、画笔工具、自由变换命令、文字工具、图层蒙版、图层混合模式。

操作步骤：

（1）执行"文件"→"新建"命令，打开"新建"对话框，分别设置"名称""高度""宽度"，设置完成后单击"确定"按钮，新建一个空白的图像文件。

最终效果

（2）执行"文件"→"打开"命令，打开素材"背景1.jpg""背景2.jpg"文件，添加至当前图像文件中并调整期大小位置，设置"背景2"图层混合后模式为"叠加"，使两张图像更加融合和完整，图11-77所示。

（3）添加"PSP.png"文件到当前图像文件中，按［Ctrl＋T］组合键对图像进行自由变换操作；单击鼠标右键，在弹出的快捷键菜单中选择"透视"命令，显示变换调节框，编辑调节线对图像进行调整，完成后按 Enter 键，结束自由变换操作，如图11-78所示。

图 11 - 77　打开并调整"背景"文件

图 11 - 78　打开"PSP"并调整素材

（4）添加更多素材。添加"素材.jpg"文件到当前文件中，调整其大小和位置；为"素材"图层蒙版，隐藏部分图像；选定"PSP"和"素材"图层，按〔Ctrl＋E〕组合键合并图层，结合自由变换命令调整图像大小和位置，为其添加并编辑图层蒙版，结合画笔工具隐藏部分图像，使整体图像更具有立体感，如图 11 - 79 所示。

（5）调整素材并添加文字。添加文字图层，为部分文字进行文字变形处理，添加并编辑图层蒙版，使画面具有纵深感和跃动感；为文字添加"渐变叠加"图层样式，丰富画面效果，如图 11 - 80 所示。至此，完成本实例制作。

图 11 - 79　添加并调整素材

图 11 - 80　效果完成

11.3.5　洋酒 POP 广告设计

设计思路分析：

洋酒 POP 广告的设计风格应根据洋酒的内容而定。通过不同的画面构成体现不同品牌的个性特点，在色调的处理上要协调统一，画面整体需要渲染出洋酒本身的气氛。本实例中的洋酒 POP 广告结合欧式的边框，对洋酒进行油画般的处理，呈现出质感十足的画面效果。

主要使用工具：

图层蒙版、剪贴蒙版、画笔工具、钢笔工具、矩形选框工具、矩形工具、文字工具、图层混合模式、"斜面和浮雕"图层样式、"图案叠加"图层样式、"投影"、图层样式、"纹理化"滤镜等。

操作步骤：

（1）执行"文件"→"新建"命令，在弹出的对话框中设置各项参数并单击"确定"按钮，新建一个图像文件，如图 11-81 所示。

最终效果

图 11-81　新建图像文件

（2）新建"图层 1"，为该图层填充暗红色（R84、G0、B0）。打开素材"纸张 1.jpg"文件，将其拖至当前图像文件中并调整其位置，结合矩形选框工具和图层蒙版隐藏局部色调；单击"创建新的填充或调整图层"按钮应用"纯色"命令，并设置颜色为暗红色（R53、G0、B0）；设置图层混合模式为"叠加"，选择蒙版并使用画笔工具在画面中多次涂抹，以恢复局部色调效果，如图 11-82、图 11-83 所示。

图 11-82　填充颜色

图 11-83　多次涂抹

（3）单击矩形工具，在属性栏中设置相应参数，在画面下方绘制一个矩形形状，结合矩形选框工具和图层蒙版隐藏局部色调，如图 11-84 所示。

（4）执行"滤镜"→"纹理"→"纹理化"命令，在弹出的对话框中设置相应参数，单击"确定"按钮，为图像添加纹理质感效果，如图 11-85 所示。

图 11-84　绘制矩形

图 11-85　添加纹理感

（5）打开"纸张 2.jpg"文件，将其拖至当前图像文件中，复制该图像并调整其位置，然后设置混合模式为"正片叠底"；结合矩形选框工具、图层蒙版和画笔工具隐藏局部色调，如图 11-86 所示。

（6）打开"庄园.jpg"文件，将其拖至当前图像文件中并调整其位置；结合矩形选框工具、钢笔工具、画笔工具和图层蒙版抠取庄园图像，如图 11-87 所示。

图 11-86　打开并调整"纸张 2"素材

图 11-87　打开并调整"庄园"素材

（7）打开"洋酒.png"文件，将其拖至当前图像文件中并调整其位置；单击"添加图层样式"按钮，在弹出的菜单中选择"外发光"命令，设置相应参数，单击"确定"按钮，如图 11-88、图 11-89 所示。

图 11-88　打开"洋酒"素材

图 11-89　设置外发光

（8）打开"酒杯.png"文件，将其拖至当前图像文件中，多次复制该图像并调整其大小、位置和图层上下关系；设置"图层 6 副本 2"的混合模式为"柔光"，然后结合图层蒙版和画笔工具隐藏部分图像色调，形成通透效果，如图 11-90、图 11-91 所示。

图 11-90　打开"酒杯"素材

图 11-91　设置混合模式

（9）打开"边框.png"文件，将其拖至当前图像文件中，重命名该图层并调整其位置；依次添加"斜面和浮雕""图案叠加"以及"投影"图层样式，使其呈现立体效果，如图 11-92 所示。

（10）多次复制"边框"图层，分别调整各图像的位置并设置图层"不透明度"为 70%，结合图层蒙版和画笔工具隐藏部分图像色调，如图 11-93 所示。

（11）使用横排文字工具，在"字符"面板中设置相关参数，在画面中输入主题文字与辅助文字，如图 11-94 所示。至此，本实例制作完成。

图 11-92　打开并调整"边框"素材

图 11-93　设置不透明度

图 11-94　效果完成

11.4　课后练习

1. 运动鞋 POP 广告的设计可以根据运动鞋的品牌内涵和定位组合画面中的构成元素，以体现其品牌独有的特色和价值观念，在色调上体现出运动感，传达出品牌内涵以使其富有感染力。本习题中的运动鞋 POP 广告展现的是一幅具有神秘气息的画面，整体色调暗沉，通过少量色彩，烘托出低调不张扬的氛围。

主要使用工具：图层蒙版、剪贴蒙版、画笔工具、文字工具、"色阶"调整图层、图层混合模式、外发光图层样式等。

2. 空调 POP 广告的设计诉求重要的一点就是要传递出凉爽、清新、自然和健康的产品理念，色彩上以蓝色和绿色等冷色调为主，根据产品的颜色特征加以改善，形成淡雅而柔美的画面效果。本习题中的空调 POP 广告整体色调淡雅，通过轻舞的芭蕾舞者展现轻盈、美妙的画面氛围。

主要使用工具：图层蒙版、剪贴蒙版、画笔工具、钢笔工具、文字工具、自由变换命令、"色相/饱和度"调整图层、图层混合模式等。

运动鞋 POP 广告效果

空调 POP 广告效果

第 12 章　网站广告设计

随着互联网的兴起，网站广告日渐成为广告主投放广告的一大重要领域。网站作为一个广告的载体其本身就是一种广告形式。当然，一个网站随着本身后台技术的发展其承载的广告形式也是多种多样的。网站广告不同于传统媒体广告，传统广告是广告主发布什么用户只能看什么广告内容，但网站广告不同，如果你不喜欢这广告完全可以利用浏览器、系统优化软件来屏蔽这些广告。

网站广告具有受众数量可准确统计、能按照需要及时变更内容、强烈的交互性与感官性、设计成本低等特点。

12.1　网站广告的分类

网站广告有很多种，主要有以下几种类型：

（1）拉链/撕页式：撕页式一般在网页的右上角，可以选择显示或者关闭隐藏广告，达到自主选择阅读内容的效果。

（2）横幅式：网页中用得较多的一种，是以 jpg、png、gif 等格式建立的动态或静态图，通常称之为 banner。

（3）全屏式：全屏广告一般出现在大的门户网站上，打开网页时广告会占满屏幕，可以是静态也可以是动态的，几秒钟后自动消失，显示正常网页内容，消失后插入广告的位置通常会有按钮提醒用户如何回看等。

（4）漂移式：大小多为 80 像素×80 像素，现在貌似没有具体的标准，通常位于屏幕的底部，拖动滚动条，广告沿着垂直方向向下移动，以前这类广告在页面中是不规则的乱飘移，会影响用户浏览效果。

（5）焦点式：这类广告在目前网站中最常用，通过多张图片的轮流播放，来达到广告的目的。

（6）对联式：位于页面两侧的空白处呈现对联广告形式，尺寸以 100 像素×300 像素为标准。

（7）弹出窗口式：这类是指打开网站页面时，自动开启一个新的浏览窗口，大小一般为320 像素×240 像素，窗口中可以放置文字、图像、链接或者个人用户的信息注册表单之类，或者是正在促销的商品等。

网站广告色彩运用：

（1）一般电子类广告大都是蓝色、白色、绿色等冷色，这类色彩给人安定、智慧、博大的感觉。

（2）食品类广告通常用鲜明、丰富的色调，红色、黄色和橙色可以增强食欲。

（3）女性产品广告的倾向于粉红、粉黄、粉绿、粉紫等体现高贵、温柔、浪漫，而男性产品广告基本偏于黑色或者纯色体现庄重和大方。

（4）儿童用品广告常用鲜艳的纯色和色相对比、冷暖对比，适合儿童天真、活泼的形象。

12.2　网页 banner 的设计理念

banner 是一个网站设计的重中之重，是整个网站的第一个传达重要信息的窗口。好的 banner 设计会迅速抓住浏览者的眼球，让其快速了解网站的业务范围，停留网站时间变长，并且有兴趣去点击其他的页面，达到网站传播信息的目的。

如何设计一个好的网站 banner 呢？一个好的 banner 离不开构图、文字、色彩、产品、元素、模特、排版等因素。所以制作 banner 的时候，先要想好如何组合好这些元素，达到深刻的视觉冲击。

构图，是 banner 的基础部分，一般先确定好构图，再写上相对的广告语，丰富 banner 的内容。常用的构图不外乎左图右文、左文右图、两边文字中间图片等。

文字，设计排版在 banner 的设计中也显得尤为重要，好的文案会让 banner 想表达的东西一目了然，快速定位自身气质和画面的气质统一，这样画面看起来才不会有违和感。通过艺术字体的搭配，主标题、副标题的表现形式，让 banner 的可读性、趣味性提高。

色彩，一般会采用跟网站的主色调，能形成强烈对比的色彩，突出 banner 的冲击力，让浏览者的注意力一下子被吸引过来。产品文字跟 banner 的背景色也要形成强烈的对比，让产品和文案更加突出。

总的来说，通过文字、构图、色彩等搭配，可以让 banner 生动起来，只有不断地练习摸索，不断地去组合形式，才能发挥其在网站设计中不可或缺的作用。

12.3　优秀案例

12.3.1　旅游网站网页 banner 设计

最终效果

设计思路分析：

在本实例中使用宣纸、山水画等中国传统元素表现出苏州为历史文化名城，并将苏州经典园区——拙政园等景观元素糅进其中，突出了苏州江南山水园林的特点。

主要使用工具：

图片合成模式、圆角矩形、图层蒙版、通道等。

操作步骤：

（1）新建文件，执行"文件"→"新建"命令，打开"新建"对话框，分别设置各项参数，设置完成后单击"确定"按钮，新建一个空白图像文件，如图 11-1 所示。

（2）导入背景，将"宣纸"素材拖入到文件中成为图层 1，"山水图"素材拖入到文件中适当位置成为图层 2，将图层 2 的图层混合模式设置为正片叠底，如图 11-2 所示。

图 12-1　新建图像文件

图 12-2　设置混合模式

（3）将"屋檐""树"等素材拖入到文件中成为图层 3、图层 4，分别对两个图层利用蒙版、通道进行抠图处理，如图 12-3 所示。

（4）调色，对树所在的图层 4 调整色相/饱和度，如图 12-4 所示。

图 12-3　打开素材

图 12-4　调整饱和度

（5）将"鹤"素材拖入到文件中成为图层 5，并利用蒙版对其简单抠图，如图 12-5 所示。

（6）文本输入，并设置格式、位置，如图 12-6、图 12-7 所示。

图 12-5　抠图

图 12-6　输入文字

（7）绘制圆角矩形，填充颜色（#e9181b），输入"苏州"，颜色为（#fff），"SUZHOULVCHENG"，设置颜色，如图 12-8 所示，完成本实例制作。

图 12-7　设置格式

图 12-8　填充颜色

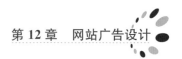

12.3.2　电商网站服装店铺广告设计

最终效果

设计思路分析：

在本实例中使用强烈色彩对比衬托模特形象，突出男性毛衫主题。文案设计言简意赅，重点突出，能迅速抓住浏览者的眼球，实现宣传目标。

主要使用工具：

椭圆工具、渐变映射、矩形工具、文字工具、通道、蒙版。

操作步骤：

（1）新建文件，执行"文件"→"新建命令"，打开"新建"对话框，分别设置各项参数，设置完成后单击"确定"按钮，新建一个 1 920 像素×900 像素空白图像文件，如图 12 - 9 所示。

（2）填充图层 1 颜色为（♯39178f），如图 12 - 10 所示。

图 12 - 9　新建图像文件

图 12 - 10　填充颜色

（3）在适当位置绘制圆形，并填充颜色为（♯39178f），如图 12 - 11 所示。

图 12 - 11　绘制圆形

（4）在画布中间位置绘制矩形，并填充蓝色到洋红色的渐变映射，如图 12 - 12 所示。

图 12 - 12　绘制矩形添加渐变

（5）抠图，使用通道、蒙版等工具对人像图片进行抠图，并放置在紫色圆形中心位置，如图 12-13 所示。

（6）绘制圆形，填充线性渐变映射，如图 12-14 所示。

图 12-13　对人物进行抠图并调整

图 12-14　绘制圆形添加渐变

（7）复制圆形，旋转，放置在适当位置，如图 12-15 所示。

（8）输入文案，并对照样图，设置文字大小及样式，颜色为白色，如图 12-16 所示。至此，完成本实例制作。

图 12-15　复制

图 12-16　添加文字

12.3.3　电商网站首页小型轮播图广告设计

设计思路分析：

本实例需放置在电商网站首页轮播，所占空间较少，所以应在有限空间内突出品牌形象及促销重点，实现宣传目标。

最终效果

主要使用工具：

矩形工具、自定义画笔工具、钢笔工具、图层样式、多边形套索、文字工具、蒙版。

操作步骤：

（1）新建文件，执行"文件"→"新建"命令，打开"新建"对话框，分别设置各项参数，设置完成后单击"确定"，如图 12-17 所示。

图 12-17　新建图像文件

（2）背景图层，填充颜色（♯954f5a），使用多边形套索工具做出选区，并新建图层 1 填充黑色，如图 12－18、图 12－19 所示。

图 12－18　填充颜色

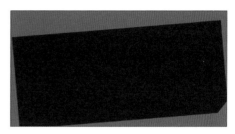

图 12－19　绘制矩形

（3）复制图层 1 生成新图层，重命名为图层 2，使用套索工具在图层 2 选取一半区域填充颜色（♯fcdb30），选取另一半区域填充颜色（♯fef353），对图层 2 进行适量变形；新建图层 3 绘制三角形状并填充黑色，如图 12－20、图 12－21 所示。

图 12－20　绘制矩形

图 12－21　绘制三角形

（4）新建文件大小为 4 像素×2 像素，填充黑色；单击编辑菜单，定义画笔预设，保存为样本画笔 1，如图 12－22 所示。

图 12－22　定义画笔预设

（5）回到原文件中，选择画笔工具，笔尖形状选择样本画笔 1，在画布中绘制图案，如图 12－23、图 12－24 所示。

图 12－23　调整画笔参数

图 12－24　绘制图案

（6）输入文案"秋季好货""男装 1000＋款"，并分别设置格式，如图 12－25 所示。

图 12 - 25　添加文字

（7）钢笔工具绘制形状，添加图层样式，渐变叠加，颜色从（♯c0706b）到（♯444645）；复制图层，并把填充色设置为无填充，描边颜色为（♯e5d46a），宽度为 2 像素，如图 12 - 26、图 12 - 27 所示。

图 12 - 26　添加渐变

图 12 - 27　添加描边

（8）使用矩形工具绘制红包，输入方案"千万红包派送中""￥"并设置格式，如图 12 - 28、图 12 - 29 所示。

图 12 - 28　绘制矩形

图 12 - 29　输入文字

（9）将人物素材选取拖至文件相应位置，添加图层样式、投影，如图 12 - 30、图 12 - 31 所示。

图 12 - 30　添加人物素材

图 12 - 31　添加投影

（10）使用钢笔工具绘制形状并填充颜色（♯ea2d55），无线条；复制形状缩小后，填充颜色为无，线条颜色为（♯b41e3e）；输入文案"底价包邮"，颜色为白色，如图 12-32、图 12-33 所示。

图 12-32　绘制形状

图 12-33　输入文字

（11）绘制品牌 logo，在自定义形状中选择相应图案，填充白色；输入文案"ifashion"，添加图层样式"描边"，如图 12-34、图 12-35 所示。至此，完成本实例制作。

图 12-34　输入文字

图 12-35　添加描边

12.3.4　电商网站数码电脑广告设计

最终效果

设计思路分析：

在本实例中使用炫酷的电脑图片素材，突出数码主题。文案设计言简意赅，重点突出，能迅速抓住浏览者的眼球，实现宣传目标。

主要使用工具：

矩形工具、自定义形状工具、钢笔工具、渐变映射、图层样式、多边形套索、文字工具、蒙版。

操作步骤：

（1）新建文件，执行"文件"→"新建"命令，打开"新建"对话框，分别设置各项参数，设置完成后单击"确定"按钮，新建一个 1 200 像素×560 像素空白图像文件，如图 12-36 所示。

图 12-36　新建文件

257

（2）新建图层 1，并填充（♯2a1baa）、（♯dcdeff）至（♯3e22b3）线性渐变色，如图
12－37、图 12－38 所示。

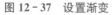

图 12－37　设置渐变

图 12－38　填充渐变

（3）使用自定形状工具绘制网格，并使用透视等命令改变形状，如图 12－39、图 12－
40 所示。

图 12－39　自定形状工具

图 12－40　绘制网格

（4）新建形状图层，绘制形状，填充深蓝色，如图 12－41 所示。

图 12－41　绘制形状

（5）将电脑素材抠图后拖入图层，并添加图层样式，如图 12－42、图 12－43 所示。

图 12－42　图层样式

图 12－43　抠图

（6）输入广告文案"京东电脑 无限热爱"，并设置文字效果，如图 12－44、图 12－45
所示。

图 12 - 44 设置文字效果

图 12 - 45 输入文字

(7) 绘制圆角矩形，填充颜色为（♯fff），输入文案"价保无忧 30 天"，并设置文字效果，如图 12 - 46、图 12 - 47 所示。

图 12 - 46 设置文字效果

图 12 - 47 输入文字

(8) 绘制矩形，并使用路径选择工具及钢笔工具改变矩形形状，填充红色，如图 12 - 48 所示。

(9) 输入方案"全球热爱季""11.11"，颜色为（♯fff），如图 12 - 49 所示。至此，本实例制作完成。

图 12 - 48 绘制图形

图 12 - 49 输入"全球热爱季"

12.3.5 钟表首饰分类页面轮播图广告设计

设计思路分析：

本实例需放置在钟表首饰分类页面轮播，轮播图的特殊性是使用图片不会长时间停留在页面，应让浏览者第一眼就锁定主题内容，因此将手表图片及文字内容放置在最显眼的位置，以吸引浏览者，实现宣传目标。

主要使用工具：

椭圆工具、圆角矩形工具、钢笔工具、图层样式、多边形套索、文字工具。

操作步骤：

(1) 新建文件，执行"文件"→"新建"命令，打开"新建"对话框，分别设置各项参数，设置完成后单击"确定"按

最终效果

259

钮，如图 12 - 50 所示。

图 12 - 50　新建文件

（2）使用填充工具，在背景图层填充木纹图案，如图 12 - 51、图 12 - 52 所示。

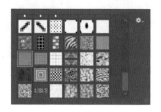 

图 12 - 51　执行图案填充工具　　　　　　　　图 12 - 52　填充木纹图案

（3）使用椭圆工具绘制圆形，并填充蜂窝图案，添加图层样式"描边""阴影"，如图 12 - 53、图 12 - 54 所示。

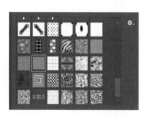 

图 12 - 53　执行图案填充工具　　　　　　　　图 12 - 54　填充蜂窝图案

（4）输入文案"表露霸气"，设置格式并添加图层样式"阴影"，输入"职场必备单品"并设置格式，如图 12 - 55 所示。

图 12 - 55　添加文字和效果

（5）使用圆角矩形工具绘制形状并填充白色，输入文字"大额无门槛红包"并设置格式，如图 12 - 56、图 12 - 57 所示。

图 12 - 56　调整文字参数

图 12 - 57　输入文字

（6）依次将素材拖入文件相应位置，添加图层样式"阴影"，如图 12 - 58、图 12 - 59 所示。至此，完成本实例制作。

图 12 - 58　设置图层样式

图 12 - 59　效果完成

12.4　课后练习

1. 本习题设计的是一个箱包腕表页面广告，画面中表达的店铺品牌图片较多，所以在图片排版时要注意错落有致、突出各品牌 logo，方便浏览者获取品牌信息，抢购按钮要醒目，方便点击。

箱包腕表页面广告效果

2. 本习题设计的是某品牌笔记本电脑促销广告页面，产品针对的是青年学生群体，因此为了吸引受众注意力，比较突出代言人及品牌 logo 的形象，促销点在于红包大放送，这些文案内容占据了画面部分内容以吸引浏览者目光，实现宣传效果。

笔记本电脑促销广告效果

参考文献

［1］曾宽，潘擎 . Photoshop 核心应用 5 项修炼［M］. 北京：人民邮电出版社，2013.

［2］韩宜波，李坤，宋林 . Photoshop＋Illustrator 商业案例项目设计［M］. 北京：清华大学出版社，2019.

［3］江奇志，尹毅 . 案例学——Photoshop 商业广告设计［M］. 北京：北京大学出版社，2017.

［4］黄活瑜 . Photoshop CC 完美广告设计案例精解［M］. 北京：科学出版社，2014.

［5］李伟，吴丹，彭超 . Photoshop CC 特效设计经典 228 例［M］. 北京：中国青年出版社，2014.